野兽正义

动物的道德生活

[美] 马克·贝科夫
[美] 杰茜卡·皮尔斯 著

刘小涛 译

上海科技教育出版社

对本书的评价

贝科夫和皮尔斯对动物道德作了充分论证,不过,这一观点也可能引起人们的争辩,因为它挑战了一些看待动物的陈旧观点……此书清晰洗练,适合感兴趣的专家学者及大众读者阅读,特此强烈推荐。

——《图书馆杂志》(*Library Journal*)

此书作者主张,要想理解动物生活所遵循的道德指南,必须先扩展我们的道德定义,使其能囊括各个物种特有的道德行为。作者所做的研究,还有来自心理学、人类社会智能、动物学等相关学科的研究,为这一主张提供了有力支持。

——《出版人周刊》(*Publishers Weekly*)

《野兽正义》提供了令人信服的论证,我们应以更开明的思想对待非人类动物。

——《新科学家》(*New Scientist*)

目　录

中文版序　动物的情义　/ I
序言　走进《野兽正义》/ IX

第一章　**动物社会的道德**：丰富的证据　/ 001
第二章　**野兽正义的基础**：动物的行为及其含义　/ 031
第三章　**合作**：报恩的大鼠与挠背的狒狒　/ 073
第四章　**共情**：水槽里的小鼠　/ 112
第五章　**正义**：野兽的荣耀与公平游戏　/ 147
第六章　**动物道德与反对意见**：一个新综合　/ 184

致谢　/ 209
注释　/ 211
参考文献　/ 225
译后记　/ 247

中文版序

动物的情义

一项对动物行为的研究发现,得到过不熟悉的老鼠帮助的老鼠,基于先前被帮助的经历,更容易去帮助既不沾亲也不带故的路鼠甲或路鼠乙。如何解释这种现象?或许你觉得,这不过是老鼠的本能使然。

动物园里一只名叫库尼(Kuni)的倭黑猩猩,拾起一只撞上围栏玻璃的不能动弹的椋鸟,将它带到外面,让其站好。见鸟无动静,库尼便在空中挥动它。鸟仍不飞,库尼又将其带至围栏最高处,轻轻抚展其翼,然后掷向空中。鸟还是不飞,库尼就一直在旁守护,直至恢复过来的椋鸟安全地飞走。你若见到这一幕,定会觉得那首风靡一时的歌曲《你拨擢了我》(You Raise Me Up)是多么应时应景。如何解释库尼的行为?或许你觉得,库尼具有更加复杂的本能而已。

这两个案例都出自本书,除此之外,本书还记录和讨论了大量令人大开眼界的动物行为案例。通过对这些动物行为案例进行科学的和哲学的分析,本书的两位作者得出的结论可用一句话来概括:人类并不孤于德,动物也是情义辈。因此,所有这些行为都是道德的(或不道德的)行为,对它们的解释不是基于动物的本能,而是基于动物的情义。

人类是有情有义的存在,这当然不在话下。但要说动物也有情义,许多人一下子不能接受,甚至感到被冒犯。我们不是把最不德的行为称为"兽行"吗?还有比"禽兽不如"更强烈的道德谴责用语吗?在普遍的认知中,动物与道德、情义,不仅是不相干,而且是对着干。孟子不无戏谑地说:"人之所以异于禽兽者,几希。"但这种"几希"之物,正好属于伦理和道德的范畴。笛卡儿认为,非人类动物不过是复杂的机械装置,它们尚且缺少原始的感受疼痛和体验愉悦的能力,更谈不上从事更高端的、为人类所独有的道德之举。无论如何,道德将人与兽区隔开来之类的认知,可以说是跨文化的共识。

本书的立论如果成立,那么这种共识不过是一个源远流长的偏见而已,它扭曲和阻碍了我们对动物本性的理解。就此论辩折冲而言,这本书在立意上是反潮流的,在方法上是开脑洞的,在效果上可能是触灵魂的,值得好学深思者一读。

追究两个问题对于理解本书主旨极为重要。首先,说动物也是有情有义的是什么意思?其次,这么说的根据何在?

就第一个问题而言,我们看到了一个对所涉动物的限定和一个对道德的定义。由于书中对动物道德行为的研究主要以一些哺乳动物为案例,将动物情义的想法外推到其他动物就显得不够谨慎,因此,本书想要达到的是一个谦和一点的结论:至少某些非人类动物展现了道德之举。

对道德的定义是本书最重大的创见之一,同时也是最能招惹异议和反驳的交火点。作者将道德定义为"培养和调控社群内复杂互动的一组相互关联的、顾及他者的行为"(第10页)。从进化论的视角看,道德是作为群体生活的适应策略而在人类和其他动物身上进化出来的特征。在动物的群体生活中,道德行为有助于生存和繁殖上的成功。相同的进化起源并不意味着相同的道德内容。不同的物种、不同的动物种群由于身处不同的环境、面临不同的进化压力,会发展出不同的社会结构以及与之相应的道德条则。与动物的道德相比,在人类身上展现的道德行为或许具有更高级、更复杂、更精巧的模式,但这些物种间的差异只是程度上的,而非种类上的。

行为模式上的精细和粗放,并不对应于道德上的完整与欠缺。粗放、原始的道德行为依旧是完整而非残缺的道德行为。这就是书中的另外一个关于道德的独特见解——道德在物种上的相对性(species-relativity)。根据这种相对性,每一个进化出道德行为的物种都有其独有的行为库。动物的道德行为不应被理解为只是作为进化顶端的人类道德的早期遗痕,它们自身就是饱满、健全的道德行为。作者用俄罗斯套娃的类比来说明人类道德与动物道德的异同。人类与其他社会性的哺乳动物共享道德行为的内层,人类独有的,借由语言、自我意识和反思判断等能力而达成的道德行为,尽管标志着与动物行为在种类上的不同,不过是既有的道德行为内核外面的锦上添花,不能剥夺动物行为的道德地位。

作者更进一步把这些内层道德行为套分为三簇,分别称为合作簇、共情簇和正义簇。合作簇包括具有如下属性的行为:利他、互惠、诚实、信任。开头的老鼠案例就属于"普遍互惠"(generalized reciprocity)之情形。共情簇则有如下属性的行为:同情、怜悯、悲伤和安慰。开头的库尼呵护椋鸟案例属于这一簇。正义簇的行为包括分享、平等、公平和原谅。这种分类法本身就是一个有趣的话题。我们依据什么原则将这些行为归类?依据它们在选择上的优势来划分似乎希望不大,因为它们按照设定都是适应性的。依据心理学来划分则会导致过度的拟人化以及植入过多的先入之见,因为我们尚未发展出独立于人类心理学的动物心理学来。作者并未对此做更多讨论。

本书的主干内容在于回答第二个问题,说动物有情义,证据何在?本书的主干内容由中间三章构成,每一章旨在提供证据表明动物的确展现了某簇道德行为。我们看到了大量引人入胜的动物行为事例以及作者对它们的道德读解。这里值得一提的是一个方法论上的议题——拟人化。严谨一点的读者可能会感到,作者对各种案例的分析是高度拟人化的,即把人类的特点读到或附会到非人类的对象身上,或者把适用于描述人类的语言用来描述非人类的事物。作者合理地回应道,拟人化并不是不科学的,给定人类与某些动物在生理上的相似性。总之,这是一个跨学科的场域,来自认知行为学、比较心理学、社会神经科学和哲学伦理学这些不同视角的讨论在这里汇集。理解这些讨论是一项令人兴奋的事情,但同时也对阅读者提出了智识上的挑战。

上面简单的勾画,试图呈现本书的论点和论证结构。带着一些疑问或者读后反思一些问题,或许更有助于我们领略本书的价值,并进一步推进对动物情义的思考。

在考察正义簇行为时,作者援引了动物的社会玩耍的许多事例。在其分析中,作者频频强调规则对于这些社会行为的重要性。为什么要推设这些规则的存在?因为规则是公平游戏的基础,一旦规则遭到破坏,游戏就不再公平。在我们读到的事例中,当规则被破坏时,通常会发生这些事情:玩耍中止;破坏者被逐出;破坏者被憎恨;破坏者"道歉"之后才能重返玩耍。经过这种基于规则的对社会玩耍的解释,玩耍的动物被打造成守规则者(或规则破坏者)以及拥有公平感,等等。这种"正义"解释或许与其他可能的解释形成竞争。一只体形较大的狗与一只体形较小的狗一起玩耍,前者似乎对后者多有"忍让"以避免伤到后者。你可以说大狗在守"狗规"或有"狗义",也可以说,大狗不想玩得过火,是因为一旦小狗受伤,玩耍就结束了,这反而不好玩。后一种解释不涉及"狗规"或"狗义",在本体论上似乎更节俭。这里的问题不涉及对动物行为的拟人化解释,而是说,常见的心理学解释在逻辑上是不稳定的。对人类行为的解释还可以诉诸内省和反思等通道,但在动物行为的解释中,这条通道是关闭的。

本书旨在证明某些动物实打实地展现了健全的道德行为,怀疑者可能抱怨,这个结论是通过再定义"道德"概念而达到的,相当于射了箭后再画靶子。即使怀疑者承认动物展现了合作行为、共情行为和正义行为,它们与我们真正关心的道德行为相去甚远。当今主流的道德理论,无论是功利主义、义务论、社会契约论,还是美德理论、自然法理论,无一会把这些行为看作道德行为。基于进化的连续性、相对于物种、以俄罗斯套娃为模型的道德观固然可以容纳对动物的情义和道德的谈论,但在本质上与通过降低贫困线标准来让更多人脱贫并无二致。套娃模型以人和动物共享的内层行为与人类独有的外层行为来描绘动物道德和人类道德之间的关系。作者认为,他们对道德的定义,尽管含有一个"意义的转换",但使得人类和动物在进化上的连续性论证更加可信。不过,套娃模型在逻辑上也不是仅有的支持进化连续性的模型。蝶蛹模型也与进化连续性相容:有可能,真正的道德如同脱蛹之蝶,尽管有一个进化上的先祖之蛹,化出的蝶却大不相同。显然,关于道德的概念之争还将继续进行下去。

动物伦理学是一个正在兴起的应用伦理学领域。目前,在这个领域中工作的学者(多为哲学工作者)关注的核心问题是人类应该如何对待动物,不管是驯养的还是野生的。过去数十年间,西方世界见证了动物伦理学研究的不断繁荣,研究成果层出不穷。不同于常见的动物伦理学著作,本书不是直接讨论人类在对待动物上的实践问题,而是从科学和哲学的角度探讨动物自身的心理生活和道德生活。两位作者中,一位是科学家,一位是哲学家。两位作者的不同背景,让他们的作品既受益于科学信息的丰富和扎实,又受益于哲学分析的严谨和清澈,够得上跨学科合作的典范。有理由相信,一方面,本书中译本的出版会让我国在相关领域的学术研究受到启发;另一方面,普通读者可借由阅读这本书展开一次寻访野兽情义的思想之旅,这在这个日益城市化且不可逆转的时代尤为难得。

程炼

武汉大学教授

2022年3月

序 言
走进《野兽正义》

> 许多明智之士……仍然没有认识到这样一个事实,野生动物也有道德法则。而且,它们对道德法则的遵循,通常比人类还要做得好些。
>
> ——威廉·霍纳迪(William Hornaday),《野生动物的心灵与行为》
> (*The Minds and Manners of Wild Animals*)

一头年轻的母象,正在护理自己受伤的腿。另一头吵闹不休、明显激素分泌旺盛的年轻公象走来将母象撞倒在地。一头年长的母象看到这一幕,将公象赶开,然后回到年轻母象的身边,用鼻子轻轻抚触后者受伤的腿。在南非的夸祖鲁纳塔省(KwaZulu-Natal),11头大象齐心协力营救一群被俘获的羚羊。象群的雌性首领用鼻子逐个打开围栏门上锁的拴链,让羚羊逃跑。笼里的一只大鼠,看到同伴受到电击,会拒绝拉控制杆来获得食物。一只雄性的狄安娜长尾猴(diana monkey)在学会将塑料币投进投币口取食后,会帮助还没有学会这个技能的雌猴投入塑料币以获得食物奖励。一只雌性果蝠(fruit-eating bat)帮助另一只正要生产的雌蝙蝠,给它示范恰当的垂挂方式。有只叫莉比(Libby)的猫,会引导它上了年纪的同伴——叫作卡修(Cashew)的又聋又哑的狗——避开障碍,并找到食物。在荷兰阿纳姆动物园,一群黑猩猩会惩罚晚餐迟到的同伴,因为只有大家都到齐了才能吃上晚餐。当一只大型公狗想和另一只更年轻、也更温顺的狗玩耍时,它会前去邀请并控制自己轻轻地咬年轻同伴,也会允许对方轻轻地咬自己。这些案例是否表明动物展示了道德行为,表明它们也有同情心,可以是利他、无私、富有正义感的?动物拥有某种和道德相关的智能吗?

图1 在肯尼亚的安博塞利国家公园,非洲大象排成队行走。大象是高度社会化的动物,有丰富的情感。它们生活在一个大家族里,家族的首领是头年长、经验丰富的雌象。承蒙托马斯·D. 曼格尔森(Thomas D. Mangelsen)惠赠图片

序言　走进《野兽正义》

康奈尔大学的历史学家多米尼克·拉卡普拉(Dominick LaCapra)曾说过,21世纪会是动物的世纪。[1] 现在,我们已经身处"动物的世纪"。关于动物智能和动物情感的研究已经占据了许多学科的议程,涵盖了进化生物学、认知行为学、心理学、人类学、哲学、历史学和宗教等领域。动物的情感生活和认知能力激发了人们极大的兴趣,它们的某些日常生活或者令人惊讶的表现甚至会对我们关于动物的认知假设形成挑战。比如,鱼可以通过观察其他鱼之间的社会互动,来推断自己的社会地位。经过观察得知,鱼也会展现独一无二的性格。我们还知道,鸟类会为未来的食物做出谋划,它们制作和使用工具的能力常常超过黑猩猩。啮齿动物会使用耙状工具获取它们够不着的食物;狗会像人一样,对照片进行分类;黑猩猩知道其他黑猩猩能看到什么,在玩一些电脑游戏的时候表现出比人类更好的记忆力;喜鹊、水獭、大象等动物会因为失去孩子而感到痛苦;小鼠具有同情心。对于任何乐意从科学文献或者大众传媒来了解动物行为的人来说,很显然,我们已经知道许多这类现象。

逐步积累的新材料,不断冲击着人和动物之间那些囿于成见的壁垒,迫使我们修改过去关于动物能做什么,能够思考什么,能够感觉到什么的一些陈规陋见。过去,我们太傲慢、太顾盼自雄了,但是,现在的科学研究拓宽了我们关于动物认知能力和情感能力的视野。只有人类才有道德,这一假定,受到了新研究的冲击。

在《野兽正义》里,我们要论证,动物的许多行为表现出道德行为的特征，它们的生活也深刻地受到这些行为模式的塑造。在它们的社会互动中，什么是对的，什么是错的，以及和对错相关的应当做什么，明显起了特别重要的作用，就像道德在我们的生活中所起的作用。哪怕你对这一点抱有怀疑，我们也想请你保持开放的头脑，用不同的视角来看待动物。说实话，我们希望，哪怕抱着最强烈怀疑的读者，也会因为读了此书而改变他们关于动物道德行为的看法。

"野兽正义"是个有挑衅意味的缩略表达。动物不仅有正义感，还有同情、原谅、信任、互惠等情感和行为。此书旨在为动物的道德行为提供一幅统一的图景。我们将表明，动物有丰富的内心世界——它们有丰富的情感，高度发达的智能（它们确实很聪明，有很强的适应性），而且在复杂和不断变化的社会交往关系中表现出行为的灵活性。同时，它们也是不可思议的社交专家：它们会形成错综复杂的关系网络，并根据那些维系社会平衡或者社会内部稳定的行为规则来行事。

我们还会讨论道德行为的进化。2007年12月，《时代》杂志上的一则封面报道[2]提出了一个问题——"究竟是什么东西让我们具有道德？"——并对人类道德的进化论研究现状做出了评论。在这篇文章中，作者简要提及了动物有道德行为的可能性。如果我们认为人类有道德，那么，无论承认与否，我们都需要问，其他动物是不是也具有道德。人类和其他动物有相同的解剖结构和生理机制，特别是，人类和其他哺乳动物有非常相似的神经系统，在这一点上,人们早就取得了一致意见。

对熟悉进化生物学的读者来说,可以这样理解,我们是要为进化连续性论题提供论据。进化连续性论题认为,物种之间的差异只是程度差异,而不是种类上的差异。我们会援引多个物种的多种认知能力和情感能力来支持这个论题。我们相信,在人类和其他动物之间,并不存在道德的鸿沟,"狼或者黑猩猩所表现出的行为模式只不过是建造人类道德的砖块而已"这样的说法没什么实质教益。在某些问题上,程度上的差异根本不是有意义的差异,每个物种都具备道德能力。好的生物学导向这一结论,道德是一种进化的特征,和我们一样,"它们"(其他动物)也有这一特征。

书的部分内容还会讨论群体选择的概念,因为我们关于道德行为的讨论对于个体选择和群体选择这个当代争论有重要蕴涵。就在本书将要完成的时候[3],出现了一些有趣的论文,它们的标题很容易记住,比如"善者生存"和"无私者生存"。这些论文论证说,个体可能确实是为了"自己所生存的群体的利益"而努力工作。

在《野兽正义》里,除了审视一些最新的动物研究成果,我们还要挑战既有的一些关于社会性动物的研究和陈旧观念。我们要挑战竞争范式的统治(或者说霸权),这种范式在过去一直垄断着关于动物社会行为进化的讨论。对于动物行为学和进化生物学来说,竞争范式既有误导性,也是错的,建立一个使"红牙血爪"和"野兽正义"保持某种平衡的新范式的呼声越来越高。已经观察到的各种动物一起工作的情形,并不是合作、公平和信任的假象,这些事情是真实的。要理解各种物种的社会行为的进化，就必须把合作、公平和正义等因素纳入进化论的公式中。为了这一目的，我们花了相当大的篇幅讨论动物的社交游戏行为，这种行为几乎一直没有引起关心道德进化的学者的重视。动物在游戏过程中表现出的行为模式强烈地提醒我们，除了人类，动物也有道德。

为了支持我们的论证，我们还将除类人猿（the great apes）之外的其他物种纳入考量，特别是社会性的食肉动物，比如狼。确实，即便在猿类当中，我们也能观察到一些重要的行为差异，比如黑猩猩和倭黑猩猩之间就有重要差异。找不到一个完全一致的灵长类动物模式，这给比较研究造成了一些困难。我们支持道德的物种相对主义，它承认不同物种有不同的行为规范。哪怕在一个物种内部，对行为规范的表达和理解，也可能有些细微差异。比如，某群狼算作"正当"的行为，可能和另一群狼里算作"正当"的行为未必完全相同，这与个体性格和习性的差异以及群体成员所处社会网络的某些特点有关。正如著名生物学家保罗·埃尔利希（Paul Ehrlich）所说——"人性是复杂的，并不存在单一的人性"，狼性也是"复杂的"，并不存在一种"狼性"。

最后，我们会论证，道德行为的进化和社会性的进化有特别紧密的联系，而且，社会的复杂性就是道德复杂性的一个特别的标志。我们会提供来自不同物种的案例，以展示它们道德生活的细微差异。这些案例既包括独居动物，也包括那些群居的社会性动物，在后者的群体生活里，存在一种持续的情感联结。举个例子，与社会活动更少的郊狼(coyote)或者赤狐(red fox)相比,在一个喜欢群居的狼群里,我们更容易发现一些微妙的道德行为。

还要补充一点关于术语的说明。在动物王国里,人类应该为其"人"的身份而自豪。然而,因为英语的表达习惯,我们倾向忘记人类也是动物。虽然如此,在随后的行文里,我们会使用"动物"一词来指"非人类动物",因为不断使用"非人类动物"的表达有点让人厌烦。

本书由认知行为学家马克·贝科夫(Marc Bekoff)与哲学家杰茜卡·皮尔斯(Jessica Pierce)共同撰写。读者们可能会好奇,我们是怎样进行合作的。我们是在共同的朋友琳内·沙利文(Lynne Sullivan)组织的晚宴上认识的。就着烤菜蓟的香味和梅洛红酒,我们开始讨论动物认知和道德行为进化的一些问题。我们几乎立即意识到,我们有着共同的兴趣,而且,学术合作会使不同领域的学术专长和不同的学术观点相互助力,产生有益的结果。对道德进化的研究需要跨学科的研究和争论,这正是我们在这本书中做的事情。随着《野兽正义》的研究工作逐步展开,我们注意到,不同学科的学者会在不同的意义上使用同一个语词,因而,我们的合作迫使我们去澄清一些描述动物社会行为的术语。

对这个跨学科研究项目,我们充满期待,也想邀请更多的朋友加入动物道德研究这个领域。这是一个仍处在初期的研究领域,迫切需要大力发展。对动物道德的成熟理解,既需要愿意从事跨领域研究的学者的耐心和努力工作,也需要那些可能并不从事研究工作的人们来分享他们的故事。

对动物而言,人类有何种道德关系,应该承担何种道德责任?关于这些问题,《野兽正义》所传达的信息有深刻的蕴涵。我们不会去探究这些蕴涵,但我们意识到,对待动物时必须考虑它们的想法和感受。

《野兽正义》的内容如此安排。第一章是对动物道德行为的研究概述。我们会讨论不同物种的社会行为,告诉你我们怎样理解动物的道德行为。我们对"道德"下定义,然后对定义进行打磨,为"道德行为"提供一个"物种相对主义"的解释。

第二章讨论野兽正义的基础,包括科学家怎样理解动物的行为。我们会讨论那些为理解动物行为做出了重要贡献的学科:认知行为学(研究动物的心灵)、社会神经科学、道德心理学和哲学。这些领域的研究者已经解开了一些与动物的认知能力和情感能力相关的谜题,相关研究成果会对动物道德的讨论产生影响。我们会讨论类比在科学研究中的作用,以及谨慎的拟人化描述有何种价值。我们还会讨论个体选择和群体选择的问题,智能和社会的联系,以及道德智能的观念。

《野兽正义》的核心判断是道德行为大体可以分为三"簇"(cluster),它们由享有某种家族相似特征的相互关联的行为构成:合作的行为簇(包括利他、互惠、诚实、信任),共情的行为簇(包括同情、怜悯、悲伤、安慰),还有正义的行为簇(包括分享、平等、公平、原谅)。我们会以这个判断作为支点来组织材料。每一个行为簇都分别用一章来讨论,以期讲清楚支持它们的证据。在第五章的末尾,我们讨论这三簇行为之间的联系,为道德行为提供一幅统一的图景,以帮助读者凭自己的判断就能获得动物也是道德生物的结论。

在最后一章,我们将讨论的范围扩展到哲学,探究野兽正义可能产生的广泛蕴涵。议题主要涉及如何更好地理解道德,以及扩展道德的定义(使其也能包括动物)会产生什么后果。我们还探究了野兽正义对其他棘手哲学问题的蕴涵,比如主体性、良心、相对主义和决定论等。

让我们走进野兽的正义世界吧!只有更好地认识动物的道德行为,我们才能明白自己在自然界中的位置,才能更好地看清楚未来的方向。我们并不是唯一的道德生物。

第一章
动物社会的道德
丰富的证据

让我们直奔主题。在《野兽正义》里,我们将论证,动物也能感受彼此的情感,能平等地对待同类,会为了共同目标而合作,还会互相帮助。简而言之,我们认为,动物也有道德。

大众媒体和科学期刊不断提醒我们,说动物有许多不可思议、令人惊讶的知识、情感和行为。然而,如果更仔细地观察动物与其社会环境的互动,我们就会意识到,那些不可思议的行为并没有什么不同寻常的地方。举个例子,在伊利诺伊州的布鲁克菲尔德动物园里,有只名叫宾蒂·朱瓦(Binti Jua)的雌性西部低地大猩猩。在斯瓦希里语,它名字的意思是"阳光的女儿"。1996年的一个夏日,一个3岁男孩爬上了布鲁克菲尔德动物园大猩猩区的围墙,跌落在距离墙顶足有20英尺*的水泥地上。当时,围观者目瞪口呆,孩子妈妈发出惊恐的尖叫。宾蒂·朱瓦走近失去意识的男孩。它俯下身子,轻轻将男

---

* 1英尺为0.3048米。——译者

孩抱起来,让男孩靠在自己摇篮般的手臂里。它自己的小孩库拉(Koola)则攀在它的后背上。宾蒂·朱瓦咆哮着警告其他想靠近的大猩猩,将男孩安全送到了在出入口等待的动物园员工手中。

这个故事成了世界各地的头条新闻。宾蒂·朱瓦也被誉为动物英雄。美国退伍军人协会甚至给它颁发了勋章!除了引起轰动的新闻效应,这个故事也让"动物心灵"的激烈争论更加热烈。宾蒂·朱瓦的行为究竟是源于善意的自由行动,还仅仅是动物园员工训练下的一种简单反应?

即使在20世纪90年代,仍有许多科学家对以下观点表示怀疑:动物,甚至是大猩猩这样聪明的动物,拥有足够的认知和情感资源,以及能在应对环境时表现出智慧和同情。这些怀疑论者认为,对宾蒂·朱瓦的"英雄主义"最可能成立的解释是它身为圈养动物的特殊经历。因为宾蒂·朱瓦是动物园员工抚养大的,它没有学会大猩猩母亲需要掌握的技能。如果它生活在野外的话,本应会掌握那些技能。它必须由人类来教育,比如使用一个小猩猩的毛绒玩具,才学会如何爱护自己的女儿。它甚至经受了将它的"孩子"送到工作人员手中的训练。它可能只是简单地重复了这项训练,把小男孩错当成了另一个毛绒玩具。

也有些科学家不赞同这种论点。他们认为,至少有一些动物,特别是灵长类动物,或许确实有共情、利他、怜悯的能力，并且拥有足够的智力去评估状况，明白男孩需要帮助。他们指出，数量不多但仍在不断增长的各种研究表明，动物拥有的认知和情感生活远比我们知道的要丰富。

我们已经永远无法知道宾蒂·朱瓦为什么那么做。但是，历经数年，如今我们已掌握了大量的关于动物智力和情感的惊人资料，这使得我们更加接近问题的答案：动物的行动，真的可以出于同情、利他与共情吗？怀疑论者的数量在逐渐减少。越来越多的动物行为科学家确信，这个问题的答案是明确的："是的，动物也有出于同情、利他与共情的行动。"宾蒂·朱瓦不仅拯救了小男孩，也将我们的一些同仁从关于动物的陈旧、狭隘的观点中解放出来。它为动物的认知和情感这些迫切需要讨论的研究开启了大门。

野兽正义：我们究竟在讨论什么？

十多年前，也就是宾蒂·朱瓦救助受伤男孩的那个年头，动物道德的观念会遭到人们的白眼，或被一句"你一定是在开玩笑！"而打发。然而，最近的研究表明，动物不仅会做出利他行为，还有共情、原谅、信任和互惠等能力。对人类来说，正是这些行为构成道德的核心。因此，我们也有理由将动物的这些行为称作道德行为。大体上说，道德是社会生活的一种适应性行为策略,它在许多动物社会都存在,不仅仅是人类社会。

我们的论证建立在成熟的、没有争议的研究之上。我们希望将许多零散的研究整合在一起,从而呈现出一幅有趣而又富于挑战性的图景。当然,其中最有争议的举动,是给动物社会发生的一些事贴上"道德"标签。这一举动造成的争议,往往不是出于科学理由,而是出于哲学理由。我们会着重讨论这些哲学上的思考。

先让我们一起看看证据。我们邀请您走进社会性动物的生活,向您展示这些动物丰富的内心世界——它们有复杂而微妙的情感、高度发达的智力以及具有可塑性的行为。它们也是不可思议的社交专家:它们形成并保持复杂的关系网,并根据那些维系社会平衡或者社会内部稳定的行为规则来生活。

寻找善恶:看得越多,看到的就越多

人们常常认为,这是查尔斯·达尔文(Charles Darwin)进化论的精华,借用生物学的一个流行比喻来说,自然选择就是一场不断进化的军备竞赛。生活是人类反对异己的战争,是一场为了性和食物展开的残酷、血腥的战斗——母亲食子,同胞相残。透过这个狭窄的镜头去观察大自然,我们看到动物在与冰冷、冲突的进化力量的对抗中艰难生存。这类情景成就了出色的电视节目,但它只反映了大自然力量的一小部分。因为,除了冲突和竞争,还有关于合作、互助和关爱行为的精彩好戏。

举一个有冲击力的例子。灵长类动物学家罗伯特·萨斯曼(Robert Sussman)、保罗·加伯(Paul Garber)和遗传学家詹姆斯·舍韦鲁(James Cheverud),在仔细分析各种灵长类动物的社会活动之后得出一个结论:绝大多数社会活动是亲和性的(affiliative),而不是对抗或分裂性的。在社会场景里,理毛和游戏比赛占主导地位,偶尔伴随打斗或攻击性威胁。在原猴(prosimian)这种现存最古老的灵长类动物里,平均93.2%的社会交往是亲和性的。生活在墨西哥南部、中美洲和南美洲热带森林中的新大陆猴(New World monkey)的86.1%的互动是亲和的;与之相近,生活在南亚和东亚、中东、非洲和直布罗陀的旧大陆猴的84.8%的互动是亲和的。有些未发表的数据显示,大猩猩95.7%的社会互动是亲和的。在对黑猩猩进行了25年左右的研究[1]之后,简·古道尔(Jane Goodall)在她《贡贝的黑猩猩》(*The Chimpanzees of Gombe*)一书中写道:"人们总是容易错误地认为,黑猩猩具有很强的攻击性。事实上,它们的和平互动远比攻击性举动频繁;温和的威胁姿态比起激烈的威胁姿态要更为常见;单纯的威胁远多于真正的攻击;比起短暂、温和的打斗,激烈而具有伤害性的争斗非常少见。"这些情形显然与以斗争定义的动物社会生活不符。

许多动物的社会生活,很大程度上受到亲和行为与合作行为的影响，比如狼。有很长一段时间，研究人员认为，狼群的规模受制于可获取的食物资源。狼通常以麋鹿和驼鹿等猎物为食。这两种猎物都比单个的狼大。要想成功捕获这种大型有蹄类动物，需要两只以上的狼。因此，有理由推测，狼群的形成是由于其猎物的大小。然而，戴维·梅赫（David Mech）的长期研究表明，狼群的规模受"社会因素"制约，而不是食物。他发现，在一个协调的狼群中，狼群中狼的数量取决于一种平衡，即个体能够与之建立起密切关系（"社会吸引因素"）的狼的数量与个体能够容忍竞争（"社会竞争因素"）的狼的数量之间的平衡。狼太多的时候，狼群和它们的行为准则就会崩溃。

倘若我们开始看到动物行为中"善"的一面，看它们没有争斗或同胞相残的时候会做什么，我们就能意识到，动物的社会生活是多么丰富。其实，动物的生活在最基本的层面上是由"善良"的互动和关系塑造的——也就是生物学家所说的**亲社会性**（prosocial）互动和情感关系。更重要的是，至少有一些亲社会行为绝不是冲突产生的副产品，它们有可能就是一种进化力量。生物学的一些早期理论，比如亲缘选择理论和互惠利他主义理论，逐步发展出许多范围更宽的研究，涉及亲社会行为的不同方面或不同意义。而且，似乎我们看得越多，看到的就也越多。现在，已经有大量关于亲社会行为的研究，而且，新的研究不断出现，包括从大鼠到猿类的宽广范围，涉及合作、利他、共情、互惠、施舍、公平、宽恕、信任和慈善等多种行为。

更令人震惊的是，在这些亲社会行为中，有些特定的行为模式，似乎构成一种动物道德。在群体中生活的哺乳动物，似乎遵循一定的行为准则行事，既包括防止特定行为的禁忌，也有对某类行为的期望。它们按照一套能够促进相对和谐与和平共处的规则来生活。它们天生就会合作，会给同伴提供帮助，还会投桃报李，有些时候，这些帮助并不指望立即得到回报。它们建立起信任关系。此外，它们还会为社群成员的遭遇动情，特别是亲戚，也包括邻居甚至是陌生人。它们常常表现出一些迹象，看起来很像同情和共情。

这些"道德"行为，正是《野兽正义》的关注焦点。近些年的研究，揭示了动物行为许多有趣的方面，尤其是它们的道德行为。下面，我们先提供一些案例。

有些动物看起来有公平感。它们理解"谁在什么时候应该得到什么"，并按照这一潜在的规则行事。违反公平规则的个体，往往会受到打击报复或被社群排斥。比如，对群居食肉动物游戏行为的研究表明，在游戏的时候，动物会公平地对待彼此，很少违反约定的规则——如果我邀请你来游戏，那么我真的只是想玩耍而已，而且，我不是打算支配你，与你交配，或吃掉你。举个例子，极具攻击性的郊狼幼崽，会尽力维持与同伴的游戏模式，否则它就会被忽视和排斥。

公平似乎也是灵长类动物社会生活的一部分。研究员萨拉·布罗斯南(Sarah Brosnan)、弗朗斯·德瓦尔(Frans de Waal)和希拉里·希夫(Hillary Schiff)发现，卷尾猴有一种"厌恶不公"(inequity aversion)的现象。卷尾猴是高度社会化的动物，它们的社群内部有紧密合作，分享食物是很常见的。这些猴子，尤其是雌性，对同伴之间的待遇是否公平公正很敏感。在易货交易中，只要没有受到同等程度的欢迎，那些感觉受到亏待的猴子就会拒绝与研究人员合作。简言之，卷尾猴希望被公平对待。

许多动物有共情的能力。它们能感知和感受其他动物的情绪状态，特别是同类的情绪状态，并做出回应。哈尔·马科维茨(Hal Markowitz)的研究有力地表明，圈养的狄安娜长尾猴有共情的能力，这种能力长期被认为是人类所独有的。他在一项研究中对狄安娜长尾猴个体进行了将塑料币投入投币口来获得食物的训练。实验小组中，最年长的一只雌性狄安娜猴没能学会。它的伴侣看到它的尝试失败了，三次帮助它捡起掉落的塑料币投入机器，然后任由它拿走食物。显然，这只雄猴评估了当时的情况，并且似乎明白雌猴想要食物却无法靠自己取得。它本可以吃掉这些食物，但它没有这么做，没有任何证据能够表明雄猴的行为是自利的。同样，德国莱比锡的马克斯·普朗克进化人类学研究所的费利克斯·瓦内肯(Felix Warneken)和米夏埃尔·托马塞洛(Michael Tomasello)发现，圈养的黑猩猩会帮助他人获取食物。当一只黑猩猩看到它的邻居够不到食物时,它会打开邻居的笼子,以便邻居能得到食物。

大象也闪亮登场。乔伊丝·普尔(Joyce Poole)研究非洲大象已有几十年,她讲述了一头年轻母象的故事,这头母象有一条腿因萎缩而无法负重。当一头陌生的年轻公象开始攻击这头受伤的小母象时,一头高大的成年母象赶走了公象,然后回到小母象身边,用象鼻轻抚它受伤的腿。普尔相信,成年母象表现出了共情。甚至有证据表明,大鼠和小鼠也有共情!

利他和合作行为在许多动物中也很常见。利他行为的经典案例之一来自格里·威尔金森(Gerry Wilkinson)关于蝙蝠的研究。那些成功从家畜身上觅得血液的吸血蝙蝠(vampire bat),会与没能成功觅食的蝙蝠分享食物。而且,它们会更愿意与那些曾经一起分享过血液的蝙蝠分享食物。最近一项令人惊讶的研究表明,大鼠似乎表现出了普遍互惠(generalized reciprocity)关系:如果一只大鼠曾得到过陌生大鼠的帮助,它就会愿意帮助其他陌生大鼠获得食物。普遍互惠长期以来被认为是人类特有的。

这些行为的存在,似乎让那些仍然以古老的"自然是红牙血爪"的观点来看待动物的科学家或非专业的读者感到困惑。但是,无论困惑与否,道德行为确实可以在不同社会环境下的各类物种中看到。并且,我们看得越多,看到的就越多。

什么是道德？什么是动物展现的道德行为？

在讨论动物展现的道德行为之前，我们需要为道德提供一个工作定义。我们将道德定义为培养和调控社群内复杂互动的一组相互关联的、顾及他者的行为。这些行为与福祉或伤害有关，也与对或错的规范相关。道德本质上是一种社会现象，产生于动物个体之间的互动，但它像缠绕的线，又将复杂多变的社会关系编织在一起。正是以这种方式，道德起着社会黏合剂的作用。

动物有着各式各样的道德行为。试图将这些多样的行为硬塞进已有的分类中，将会是一件草率的事情，但我们确实需要用某种分类方法来组织材料，从而能将动物道德行为的图景呈现出来。按照我们的观察和构想，动物的道德行为模式大致可以粗略地分为三大类。本书也将围绕这三类行为组织材料。我们将这些粗略的类别称为"簇"，一个行为簇由具有某种家族相似性的相互关联的行为构成。我们确定了三个特定的行为簇：合作的行为簇、共情的行为簇和正义的行为簇。**野兽正义**是整个体系的简称。

合作的行为簇包括利他、互惠、信任、惩罚和报复。共情的行为簇包括同情、怜悯、关心、帮助、悲伤和安慰。正义的行为簇包括公平竞争意识、分享、对公平的渴望、对某个体应得什么和应该如何对待某个体的预期、义愤、报应和恶意。我们将以独立的章节,详细探讨每一个行为簇(第三章讨论合作,第四章讨论共情,第五章讨论正义)。

当然,以这种方式分类,也会造成许多问题。我们归到某个行为簇中的行为,真的属于那个行为簇吗?例如,安慰的行为,它是共情的子集,还是与合作互惠行为有更密切的关系?有的行为会比其他行为更基础吗?例如,共情是公平的必要前提吗?在进化层面和生理层面上,行为之间有什么内在联系?这些行为是协同进化(co-evolved)的吗?道德动物就是具备这三簇行为的动物,这种观点正确吗?

哪些是道德动物?用铅笔画出变动的线

有人会立即想要知道,哪些动物是道德动物。那么,我们能不能在已经进化出道德的物种和尚未进化出道德的物种之间画出一条线?鉴于不断快速累积的大量且多样的动物社会行为的数据,画这样一条线肯定是徒劳的。我们能提供的最好的方法是,如果你想画这条线,那就用铅笔。因为这条线肯定会不断"向下"移动,以将那些我们做梦也想不到的物种涵盖到这套复杂的行为体系中,比如大鼠和小鼠。

就目前的动物行为研究而言,有令人信服的证据表明,有道德行为的动物包括:灵长类动物(特别是类人猿,也包括一些种类的猴子)、群居食肉动物(研究得比较成熟的是狼、郊狼和鬣狗)、鲸类动物(海豚和鲸)、大象以及一些啮齿动物(至少有大鼠和小鼠)。这并不是一个完整的道德动物的目录,它只是列举出了那些社会行为已经被研究得足够多,从而有足够的数据能够得出结论的动物。其他的一些物种还缺乏数据,比如许多有蹄类动物和猫。如果它们也进化出了道德行为,并不会使我们感到惊讶。

目前,对灵长类动物的研究为动物的道德行为提供了最有力的解释。考虑到我们与其他灵长类动物在进化上的亲缘关系,似乎有理由认为,这些物种与人类的行为最具连续性。而杰茜卡·弗拉克(Jessica Flack)和弗朗斯·德瓦尔确实认为,非人灵长类动物是最有可能展现人类道德的动物。然而,寻找**人类**道德的"先兆",虽然很有趣,但并不同于寻找动物的道德行为。此外,灵长类动物的行为与人类行为最为相似的假设,可能被证明是错误的。例如,诺贝尔奖获得者、行为学家尼可·廷伯根(Niko Tinbergen)和著名的野外生物学家乔治·夏勒(George Schaller)就提出,通过研究群居食肉动物,我们可以了解到许多关于人类社会行为进化的知识。这些物种的社会行为和组织构成,在许多方面都与早期原始人类相似(分工协作、分享食物、照顾幼崽、性别间以及同性优势等级)。基于这些理由,我们有兴趣将动物道德的研究范围扩展到灵长类以外。

道德可能是哺乳动物独有的,哺乳动物也是本书的重点。然而,就眼下来说,宣布其他物种缺乏道德行为或许还为时尚早。我们还没有足够的数据来对不同物种之间的认知技能和情感能力的分类分布做出硬性的断言,而这些技能和能力正是能够共情、行为公正或成为道德主体所必需的。因此,一切都必须保留一定的试探性。例如,有些鸟类,如高智商的鸦科动物(corvids),就可能有某种道德。生物学家兼渡鸦专家贝恩德·海因里希(Bernd Heinrich),在他的书《渡鸦的智慧》(*Mind of the Raven*)中指出,如果某个体不断地袭击渡鸦的藏匿处,若渡鸦当场抓住了它,它们就会记住这个个体。有时,别的渡鸦也会加入对入侵者的攻击,即使它没有看到巢穴被袭。这是道德吗?海因里希似乎这样认为。谈到这种行为时[2],他说:"这是一只有道德的渡鸦,它在寻求与人类同等的正义,因为它为了捍卫群体的利益,给自身带来了潜在的风险。"在随后的两个实验中,海因里希证明了,群体利益可以驱动渡鸦个体做决断。

有大量的证据支持本书所探索的种种行为。这些证据是如此之多,以至于在某种程度上,将这些行为簇归属于某些动物是基本没有争议的。但是,为什么还要更进一步称这些行为簇是**道德的**——一个必然引起争议的标签,而不坚持使用**亲社会性**这个看起来更客观的术语?

挑战与修正关于动物的刻板印象：恶习难改

到目前为止，很少有科学家和其他学者，愿意在没有引号保护的情况下（就像是"嗨，我们并不是真的指人类道德中的'道德'哦"），或没有其他修饰手段的情况下（比如**原始**道德这样的词，意思是"动物可能有一些道德行为的种子，但并非道德本身"），将**道德**一词直接用于动物行为。事实上，在科学家和哲学家当中，都有人强烈反对将"道德"一词用于非人类动物的行为上。

"人类有道德，动物没有道德"的信念，是一个经久不衰的假设，也可称之为一种思维习惯。我们都知道，坏习惯是很难改正的。已经有很多人屈从于这个假设，因为比起承认动物可能有道德行为所要处理的各种复杂影响，否认动物的道德更为容易。我们与他们，在陈旧的二元论框架下对抗。特别是笛卡儿关于动物只不过是机械的观点，足以使他们安于现状，并坚持进行手头的工作。若要驳倒那些对动物的认知和情感能力保留着错误的刻板印象的人，则需要进行范式的重要转变。因为，这个思维习惯将对如何进行科学和哲学研究，以及如何理解和对待动物产生重大的影响。

当然，具有讽刺意味的是，动物行为领域已经充斥着带有道德色彩的术语：利他、自私、信任、宽恕、互惠和怨恨。所有这些以及其他许多没有列出的术语，都被科学家用来描述动物的行为。有些词,像**利他**、**自私**和**怨恨**,在动物行为领域中被赋予了特定的、要仔细限定的含义。这些含义与通常的用法不同,甚至有时相互矛盾。其他一些道德术语,如**宽恕**、**公平**、**报应**、**互惠**和**共情**,也加入了动物行为的词典,但是,还保留了与人类所知道和应用的道德之间的联系。外行的读者,甚至科学家,都会对这种明显缺乏一致性的情形感到困惑。我们将清理这些烂摊子。

我们本可以创造一个新词,来描述在动物身上观察到的亲社会行为。因为"动物道德"这个词,肯定会让一些人觉得奇怪,甚至被看作一种矛盾修饰法。但是,就某方面而言,**道德**并不是最需要关心的术语。众所周知,道德是很难定义的,关于怎样理解道德才最好,也存在分歧。从我们的立场来讲,正因为"动物道德"挑战了一些关于动物和人类的刻板印象,这一术语用在这里是非常合适的。此外,它强调了人类和其他动物之间,不仅在解剖结构层面上,而且在行为上的进化连续性。在我们看来,这一点非常重要。最后,**道德**在这里很实用,因为它英文词根的含义是"更多,或习惯"(more, or custom),这抓住了动物道德的一个本质要素。

需要非常明确地指出,道德本身的意义还在讨论之中,我们的建议是在意义上有所转变。当然,如何定义道德,将决定动物是否有道德,或在什么程度上有道德。我们对道德如此定义,也确实是为了使对人类和动物之间进化连续性的论证更具说服力。但这并不是耍花招:我们对道德的定义,不仅在科学和哲学上得到很好支持,也同样符合"非科学"常识。我们想要动摇某些所谓的道德的基石,并根据各个领域内的牵涉到相关现象的大量研究,去重新思考。我们希望,能够在本书中不受限制地使用这个术语,读罢后,再由你来判断"动物道德"是否合理。

道德与亲社会性:澄清范畴

如前所述,动物行为学文献倾向避免使用**道德**一词,而使用更中性的、听起来也更专业的**亲社会行为**(益于他者的行为),或其他更加具体的术语,如利他、共情或合作。在探索道德行为在动物中的分布时,**亲社会性**这个词至关重要。在动物行为研究的文献中,**亲社会性**被用来描述许多我们愿意称之为道德的行为。不幸的是,**亲社会性**本身似乎没有一个明确的定义,而是以各种各样的方式使用着:一会儿作为利他的同义词,一会儿则是合作,有时是指救助,有时又指共情,偶尔还作为这些行为的集合。

道德和亲社会性是联系紧密又有重叠的概念,但它们并不是同义词。就目前所知,无论是对人类还是动物而言,亲社会性与道德之间的关系都还没有一个清晰的论述。如果道德将成为动物行为学的术语(我们也希望如此),那么就有必要仔细区分两者。接下来,我们将提出一个初步建议,并期待可能的讨论。

道德和亲社会性是两个不同的范畴,尽管它们有相当多的重叠。从进化的角度来看,亲社会行为是道德的根源,且范围比道德要广得多。许多亲社会行为不属于狭义的"道德"范畴。例如,亲代抚育和保护社群本身并不是道德行为。利他行为也不是,在科学文献中,这种行为指个体为另一个体提供好处,而这样做会产生一些成本;这里的成本和好处都从未来繁殖成效的角度来理解。蚂蚁、蜜蜂和黄蜂的自我牺牲行为不构成道德,警戒行为也是,因为动物们轮流盯防捕食者。

因此,有许多表现出亲社会行为的物种,却没有道德行为。蚂蚁和蜜蜂的行为是亲社会性的,但不是道德的。那么,我们凭什么说狼有道德,而蚂蚁没有道德,虽然这两个物种都有合作和利他行为?为此,我们提出了一些道德的门槛:社会组织的复杂程度,包括产生既定的行为规范,这些规范附加了关于是非对错的强烈的情感和认知的信号;一定程度的神经复杂性,这既是道德情感的基础,也是能够基于对过去和未来的认识进行决策的基础;相对发达的认知能力,例如良好的记忆;以及高水平的行为可塑性。我们将在后面的章节中更深入地探讨这些道德的门槛。

大多数道德行为可以归类为亲社会行为。但有些行为,即使它在事实上不是亲社会性的,也可能被认为是道德的。例如,鉴于我们将亲社会行为定义为促进他者福利的行为(无论是否有意),旨在避免伤害他者的行为就可能属于道德范畴,但不属于亲社会行为。当然,并不是所有避免造成伤害的行为,都可以归为道德行为。但如果避免伤害他者是出于为他者着想,即动机是希望社会中的个体能够和谐相处,那就应该被视为道德行为。

细分道德:禁令与亲社会性

群居动物会遵循禁令,即不能不做某事或不能做某事。这些禁令规范着群体中的个体行为,并关系到伤害、福利和公平。用哲学术语来说,这些行为是**涉他行为**,而不是**涉己行为**。

涉己行为只影响执行该行为的主体(个体)。当一个行动或行为能够对另一个体提供某种好处、或造成某种伤害,以及违反某个社会规则或义务时,简单来说,对另一个体或社会群体的福利产生影响时,它就变成了涉他行为。在特定情况下,有关于特定伤害的禁令,比如禁止身体伤害(撕咬、残杀、暴力攻击)和心理伤害(欺凌、嘲弄、恐吓),也有关于帮助、互动和分享的期望。例如,在一个动物社会内部,可能有一些互惠的规范：帮助那些帮助过你的（你欠他们的）和帮助那些需要帮助的（不论回报）。也有一些关于公平的规范：地位最高的吃得最好，获邀参与游戏的时候应该遵守游戏的规则。这些规范可以帮助统治阶级控制和维持社会，组织食物采集和分配，组织有序的梳理、盯梢和游戏。规范是群体内部所期望的行为标准，并由群体执行。伤害和好处是道德货币的基本单位。

具有同情心的物种，正是在这些禁令之下逐渐发展出来的。社会性动物已经发展出了一些天赋，比如各种共情行为，这有助于创造和维持一种感同身受的习惯。最近的研究表明，诸如共情和互惠等亲社会行为中，既有认知因素，也有情感因素，但两者之间的关系仍是一个悬而未决的问题。对动物行为的研究，若结合人类心理学和神经科学的研究，可以帮助阐明一些潜在的机制。

道德与礼仪

当你看到一个孩子做出某件特别粗鲁的事情时，你可能会翻着白眼说："他一定是狼养大的。"按照人类的标准，一个孩子表现得像狼一样是很不礼貌的。但是，在狼的社会里，如果把脸埋在食物里（或其他地方），发出低吼，然后在10秒内把食物尽可能地吞下，将是一件得体的事。如果从狼的角度看，这个孩子的礼仪挺不错的。

如同道德,礼仪也起到规范社会行为的作用。人类道德心理学领域的研究者,特别关注违反道德与违反常规之间的区别。研究认为,违反常规,错在超出了社会可以接受的范围。违反道德则更为严重,错在伤害他人。靠右行驶或用较短的叉子吃沙拉,与公平、互惠或他人的福祉关系不大。

就像动物是有道德的,我们当然也可以说,动物是有礼貌的。每个物种都有特定的关于谁先吃饭,以及用什么方式打招呼的规则。在动物社会中,诸如理毛和按顺序吃饭等"礼仪"可能具有很高的道德重要性——这是社会习俗中有助于保持集体凝聚力与合作的一部分。我们推测,在动物社会中,礼仪和道德(或社会习俗和道德习俗)之间的区别可能不如在人类社会中那么明显。

在哲学讨论中,不仅常常将道德与礼仪进行比较,还会将其与法律和宗教作比较。法律和道德有相当大的重叠,不过,法律有明确的规则和惩罚的措施,相比之下,道德则是一种非正式的行为控制系统。宗教则借助超自然现象来解释,为什么禁止或要求做出某些行为。这样看来,道德(将礼仪作为其子集)似乎是唯一适用于非人类动物的范畴。

卑鄙的尼克：道德与不道德是一个硬币的两面

动物学家威廉·霍纳迪在《野生动物的心灵与行为》一书中写道："动物世界里有很多英雄。但除此之外，还有拳击手和恶霸，胆小鬼和刺客。"[3]他说得对，有时，动物之间并不友好。以东非狒狒（olive baboon）尼克（Nick）为例，它既是拳击手又是恶霸。在肯尼亚马塞马拉国家保护区的东南角，青年尼克加入了所谓的森林部队。著名的斯坦福大学教授罗伯特·萨波尔斯基（Robert Sapolsky），曾在《灵长类动物回忆录》（A Primate's Memoir）中做过这样的描绘：你几乎可以在尼克的脸上看到轻蔑。萨波尔斯基指出，尼克在它的同辈中处于统治地位，"它很自信，毫不畏缩，手段卑鄙"。萨波尔斯基在谈论动物行为时以生动有力又直白而闻名。他对尼克也同样直言不讳："那家伙坏得不行……它骚扰雌狒狒，殴打小孩，欺负老人和残疾人。"[4]在一个案例里，尼克痛揍了一只名叫吕本（Rueben）的狒狒。吕本"把屁股翘在空中"，这是一个屈服和示弱的信号，打斗本应该就此结束。然而，尼克却将此看作是攻击的好时机，它用尖齿划破了吕本的屁股，这明显违反了狒狒的社会规范。

尼克的故事指出了一个重要的问题：动物也可以是不道德的吗？我们承认这一点。这个道理其实很简单。在那些有道德行为的动物中，我们也期望发现不道德的行为。道德行为和不道德行为,就像花生酱和果冻一样缺一不可。

正如我们不想把任何有利于他者的行为都理解为道德行为一样(比如,蚂蚁助手不是道德的),我们也不想把任何伤害他者的行为都定义为不道德的行为。尽管在奥马哈(Omaha)的《野兽王国》(Wild Kingdom)里,狮子的行为看起来很残忍,但认为狮子猎杀鹿是不道德的,这极其荒谬。同样的,白鹭啄死它的兄弟也不是没有教养。当一只雄蛙靠近一条叫得最响亮的石首鱼,并"谎称"那是它发出的声音,以此来吸引雌性,也不算是"不诚实"。

只有违背了社会既定期望的行为才是不道德的。在捕食过程中,狼没有事先同意不吃麋鹿。这里不存在社会期望,毕竟狼和麋鹿并不生活在同一个社会中。所以,吃鹿并不违反狼的社会规范。相反,如果两只幼狼在游戏,其中一只想要控制另一只,那就违反了规范。

从具有道德行为能力的动物身上,似乎可以得出这样的结论:作为道德基础的认知和情感技能,不仅可以用在亲社会行为上,也可以用在反社会行为上。例如,弗朗斯·德瓦尔指出,共情取决于理解他人的能力,特别是对痛苦的理解,而这种能力也使得残忍成为可能。因为共情和残忍,都以能够想象自己的行为如何影响他人为基础——知道什么会引起痛苦。同样的逻辑也适用于其他行为。信任和诚实是合作化社群的黏合剂。然而,对信任的依赖也使得欺骗和不诚实成为可能。在合作的社群中,欺骗总是一种有效的策略,但总的来说,不如合作有效。

　　让我们仔细考察一下动物的残忍问题。因为动物残忍相待的例子往往罕见,而这方面的讨论又过于夸张和笼统,才造成了"红牙血爪"的范式。由于样本量小,且不同物种间存在很大的差异,实际上可用的数据非常有限。例如,哈佛大学人类学家和黑猩猩专家理查德·兰厄姆(Richard Wrangham)和他的同事迈克尔·威尔逊(Michael Wilson)、马丁内·马勒(Martine Muller),在他们2006年对黑猩猩和人类暴力行为比率的研究中指出:"若将所有种类的黑猩猩作为一个物种,由于极少的样本量和不同群落之间的巨大差异,任何对暴力相关的死亡率的估算都不精确。"[5]

　　动物当然能够做出残忍的行为,但现有的数据表明,它们很少这样做。毕竟,纯粹的残忍是罕见的,如果发生这种行为,我们一定不会遗漏。长远来看,声称残忍的行为多于亲和的或中立的社会交往是一种误解。例如,当一只狗邀请另一只狗一起游戏,却殴打了它,这是引人注目的;但事实上,哪怕是在狗的野外近亲中,这种情况也是罕见的。很多人都听说过简·古道尔的一个发现:一群雄性黑猩猩,在两年的时间里,追杀了另一群体的所有黑猩猩。古道尔将这种行为称为好战,并对黑猩猩的蓄意暴行感到震惊。很多人利用贡贝黑猩猩战争事件、相对罕见的杀婴事件(例如,成年雄狮杀死幼狮是为了鼓励雌狮热衷于繁殖活动），以及偶尔骚扰或殴打狼群中地位低下的狼的事例，来证明非人类动物是残忍的。然而，也有人不愿意用孤立的、罕见的例子来概括动物的残忍行为。

心理学家维克托·内尔（Victor Nell）认为，残忍是人类特有的行为。"残忍（cruelty源于拉丁语 *crudelem*，指'道德上的粗暴'）[6]是故意造成一个生物在生理或心理上的痛苦；它最令人厌恶和困惑的特点是，施暴者经常表现出明显的快感。"他认为，残忍是捕猎行为的副产品。我们的祖先之所以学会残忍，是因为残忍实现了成功的捕猎，此外，它能够（现在仍是）通过生物神经机制加强积极的情感——换句话说，残忍使人感觉很好。内尔认为，一些看似残忍的行为，如猫捉老鼠，或虎鲸在吃之前抛举海豹幼崽等，这些最多只能说是极端形式的攻击。在他看来，动物无法想象受害者的痛苦，也就不能乐在其中。残忍需要一定的认知能力，比如想要制造痛苦的意图（这反过来又预设了一种心灵理论），内尔不认为动物能够想象他者的痛苦。

内尔的论文《残忍的回报》在动物行为学家和其他学者中引起了激烈争论。对于只有人类才能残忍的说法，一些科学家提出异议；他们提供了各种反例，并用大量文献论证非人灵长类动物和其他哺乳动物的残忍。关于动物残忍行为的辩论，显然与野兽正义有关，特别当涉及动物是否以及在何种程度上拥有心灵和其他高级认知技能方面的内容。这将是另一个会产生丰富成果的比较研究的途径。然而，由于这种行为极为罕见，我们或许只能基于某些个例，而不是大量的数据资料。归根结底，野兽正义并不立足于残忍。不论是否残忍，动物都可以是有道德的。

群居动物都有一套惩罚措施，用以处理违反道德法则的个体。在任何给定的动物社会中，这套机制能够帮助我们确定和理解，哪些行为会被认为是不道德的。违规行为可能包括：过分好斗、霸道、拒绝适当的分享、占便宜、撒谎、作弊。例如，在游戏行为中，违反道德法则的行为是：接受了游戏邀请，却咬得太用力或试图交配，这就与预期行为背道而驰。惩罚措施包括：体罚、社会排斥和未来的报复（例如，郊狼不会再与做出违规行为的个体游戏或分享食物）。在黑猩猩这样的物种里，互惠和公平非常重要，违反规则的成员会受到惩罚：那些没有适当分享的黑猩猩则会受到不太慷慨的对待，它们也可能会被排斥。要理解"公平"或"互惠"，就必须对其对立面也有一定的理解。

我们需要小心，不要把"道德的"（或"利他的""亲社会的"）和"自私的"对立起来。事实并非如此。许多道德行为都是出于对自我的关注，这一点是被普遍认同的。我们遵守行为准则，是因为如若不然就将面临社群的惩罚，如排斥、尴尬、羞耻和报复。

道德连续性:物种相对主义

我们提倡一种物种相对主义的道德观。进化出道德行为的每一个物种都有其独特的行为。基本的行为能力是相同的,表现为共情、利他、合作,也许还有公平感,但最终会表现为不同的社会规范和不同的行为(例如,不同的梳理模式或表达共情的独特方式)。尽管有一些共同的进化史,但狼的道德不同于人类的道德,也不同于大象的道德和黑猩猩的道德。

对动物道德的比较研究很有价值,但必须牢记物种的差异,因为每个物种都是独特的。特别是在对人类和其他哺乳动物进行比较时,我们应当非常谨慎。尤其要克制这样的念头,即把人类的道德,作为判断非人类物种的道德的标准。在比较生物学的其他领域(如听觉和嗅觉交流),"人类金本位"已经被证明是无效的,因为每个物种都有自己独特的能力来适应特定的自然环境和社会环境。著名的生物学家爱德华·O.威尔逊(Edward O. Wilson)将人类归入一个不同于其他社会性脊椎动物的范畴。他这样做,大概是因为人类的社会性太特殊了。人类社会的复杂性是其他物种无法比拟的。我们发展出了最复杂、最微妙的道德,并用符号语言规范表达与交流。如果我们假设其他物种的道德应该和人类的道德一样,那么很可能会得出这样的结论:动物没有道德——这就阻碍了对它们道德行为的认识。我们需要以更加开放的心态来看待每一个物种。

还应注意的是，即使在一个物种内部，也可能存在相当大的差异。某个动物社会的道德行为，可能与同类动物的另一个社会不完全相同。因为每个动物社会都有独特的个体，每个个体又都有自己独特的个性和生活经历。例如，并非所有的黑猩猩种群都使用工具；如果没有对不同种群的黑猩猩进行观察，就会在研究中得出错误的结论。特别是，假如只研究不使用工具的黑猩猩群体，我们就会错得离谱！我们会将人类继续称为工具使用者（homo faber），以表明只有人类进化出了制造和使用工具所需的技能。在20世纪60年代早期，简·古道尔通过对灰胡子大卫（David Greybeard，一只雄性黑猩猩）用自制"钓竿"把白蚁从洞里弄出来的观察结果已经表明，这个结论有多离谱。

不仅构成道德的行为会因物种而异，道德的复杂程度也会因物种而异。那些进化出道德行为的物种，可能还存在不同程度的复杂性的问题，我们欢迎对这个问题作进一步讨论。道德并不是一种"全有或全无"的现象。相反，它是细致入微的。道德能力高度发达的动物可能包括黑猩猩、狼、大象和人类。在这些物种中，我们看到了一系列复杂的社会行为。它们的情感丰富多彩，面部表情微妙，具有社会文化内涵。有证据表明，这些物种具有复杂的认知共情（尝试从他者的角度来看），而不仅仅是情绪传递（对他人的情绪状态的机械回应；我感到害怕,是因为你在害怕)。

比起狼和黑猩猩,大鼠和小鼠的道德能力似乎要差一些。根据20世纪60年代的研究,如果大鼠知道自己的行为给另一只大鼠造成了痛苦,它们就不会进食。最近的研究也表明,小鼠拥有共情的能力。我们还了解到,生活在合作化的社会群体中的大鼠和小鼠相当聪明,有一系列的情感体验。尽管如此,它们的道德似乎没有黑猩猩和人类的那么复杂。例如,研究表明,小鼠的共情只是一种传递情绪的、相对简单的、反射性的形式。另一方面,由于目前还没有对大鼠或小鼠道德进行过详细研究,所以我们可能对此感到吃惊。但是,瑞士最近发表的一项研究称,大鼠表现出了所谓的"普遍互惠行为"——如果它们自己从陌生大鼠的好意中获益,它们会慷慨地帮助其他的陌生大鼠获得食物。对大鼠社会性的持续研究,可能会促使我们改变对这些动物不屑和厌恶的态度。

生物决定论与道德:基因决定一切?

说到"低下"的啮齿动物,我们想到了一个非常重要的问题:基因和经验在行为形成中的作用,即古老的先天与后天之争。在1975年出版的具有开创性和争议性的《社会生物学》(*Sociobiology*),以及在1978年获得普利策奖的《论人的天性》

(*Human Nature*)中，爱德华·O. 威尔逊首先论证了：基因不仅决定有机体的物理特征，还决定其行为。即使是道德行为也与基因有关。社会生物学很快成为一门新兴学科，在某种意义上，也代表了一个新的社会思想流派：它以一种特殊方式，来理解生物学与社会行为之间的关系。尽管社会生物学仅仅阐明了新达尔文主义思想在行为领域的含义，但许多人认为社会生物学是危险的，因为他们从中看到了社会达尔文主义在现代的重生。人们害怕那些曾被用来证明颅相学、优生学和其他形式的种族帝国主义以及基因决定论的观点会复活。

一些人可能会认为，我们的想法也同样危险，因为我们像威尔逊那样，认为道德至少在一定程度上是基因的产物。这些担心是盲目的。正如我们在本章和其他地方所强调的，拥有某种像是共情能力的基因，并不能决定这种行为将如何表达，也不决定它的可塑性或灵活性。是否拥有共情以及在多大程度上表达共情，取决于许多因素：早期的成长经历、父母的影响、社会和自然环境、经验，等等。值得提醒的是，先天/后天的二分法通常认为已经失效了：科学家们的共识是，行为是由多种因素的复杂作用形成的。

也有些人害怕道德进化论的解释，因为他们认为这样会把道德还原为"单纯的"生物机制。父母之爱、朋友的忠诚和陌生人的慷慨，都变成了遗传硬接线；与此同时，不道德——强奸、好斗、甚至战争——都不过是"自然冲动"，从而能得到宽恕甚至辩护。但是,这种还原论尽管可以在社会生物学和进化心理学文献中找到大量例子,却并不能从科学证据中推导出来。发现道德的生物学根源并不意味着我们就必须原谅恶行——它仍是恶行。同样,爱、忠诚和慷慨也都是真实存在的。道德有生物学基础吗?答案几乎是肯定的。然而,这并不意味着生物学就是道德的全部,也不意味着生物学就决定了道德。

奥斯卡·王尔德(Oscar Wilde)有句名言:"如同艺术,道德就意味着在某处画条线。"我们在书中提出的观点颇具争议,动物的道德生活也仍有许多未知的方面。我们并不确定自己是否正确,但我们认为,用铅笔写下一些句子(例如,"这是道德的,那是不道德的","这些动物有道德,但那些没有"),同时也准备好橡皮,是有益处的。这些句子允许反对意见,也能帮助我们一起集中讨论什么是道德,谁拥有道德,以及为什么道德判断很重要。

我们邀请读者一同开启动物的道德生活之旅。在详细研究道德行为之前,我们将在下一章,先为理解论点背后的科学打下一些基础。

第二章
野兽正义的基础
动物的行为及其含义

我们承认,这个研究项目极具野心,也可能存在争议,因此,清楚说明我们的出发点十分重要。我们计划向人们展示,前行过程中,我们脚下的冰层并不是很薄。

要执行这个项目,第一步是描述动物道德的学科基础。有大量来自不同领域的研究,能够支持我们关于野兽正义的观点,尤其是认知行为学、社会神经科学、道德心理学和道德哲学。尽管这些研究分属不同的领域,但它们都关心如何理解人类和其他社会动物的道德行为。事实上,动物道德的概念将许多不同的研究路径结合成了一个有趣的整体。

第二步则是提供关于我们方法论框架的概述。我们将说明如何收集、分析和解释动物行为的数据,尤其是那些揭示社会关系和个体变异的信息,以及哪些类型的数据能够证明动物的行为是利他的、公平的、出于共情的。我们将探讨几个关于动物社会行为研究的方法论上的挑战,例如拟人化问题(将人类特征归于动物),以及将人类行为和动物行为进行类比的潜在危险。我们还将讨论在科学和哲学方面关于动物心灵的各种争论,例如动物是否有"心智理论"(theory of mind),以及心理体验的隐私性如何限制我们了解动物的认知或情感生活。

最后,我们会简要概述动物道德的"原材料":社会性、智能和情感。道德产生于社会性,并与智能和情感密切相关。事实上,道德本身就可以视为一种智能,它将认知技能(记忆、对他人未来行为的预测)和情感技能("解读"面部表情、身体姿势、嗅觉提示、社会动态的能力)编织在一起,形成一种独特的社会智能。作为一种行为体系,道德利用并且似乎统一了不同的技能和能力。

认知行为学:研究动物心灵及其内容的学科

我们的论证利用了大量从科学领域和人文学科收集整合而来的信息,但主要还是依赖认知行为学的研究。认知行为学是动物行为学的一个分支,主要研究在自然环境或相似情境下的动物行为。动物行为学家研究动物行为的各个方面,包括交流、攻击、性行为、认知、学习、情感和文化的行为模式。巧的是,"动物行为学"(ethology)和"伦理学"(ethics)的词根,都是希腊文的"ethos",其含义为"习俗"(custom)。认知行为学家关心不同物种之间的心智连续性,并对动物的思维过程、意识、信念和理性进行比较研究。有些学者还想知道动物的智能、情感和道德技能怎样进化以及为何会进化。总的来说,这些研究都是为了理解动物,包括个体差异、群体行为以及物种间的变异。

尼可·廷伯根是动物行为学的早期先驱之一,认知行为学家通常遵循他建立的方法论框架。廷伯根对动物行为领域的贡献非常重要,1973年,他与康拉德·洛伦茨(Konrad Lorenz)以及卡尔·冯·弗里施(Karl von Frisch)共同获得了诺贝尔奖。洛伦茨是《论攻击》(*On Aggression*)的作者,他的著述还论及了动物行为的诸多方面,如印记。弗里施则发现了蜜蜂的语言,并写下《蜜蜂的舞蹈语言和方位确定》(*The Dance Language and Orientation of Bees*)这部富于启发性的书。廷伯根界定了动物行为学中四个有重叠的领域,他指出,不管研究者关心的是银鸥如何避免被赤狐吃掉、黄蜂狩猎后如何找到自己的家,还是鹅如何互相求爱、狗如何游戏、大象如何安慰彼此,他们都应该关注这四个领域:(1)行为的**进化**;(2)**适应**,即某一特定行为如何使个体适应其环境并最终使其能够繁殖或哺育;(3)**因果关系**,或者说导致特定行为发生的原因;(4)**发育**或个体发生,即一种行为如何在个体生命过程中产生和展开,并导致个体间的差异。

例如，如果我们关心狗进行游戏的方式和原因，就有以下四个问题有待回答：(1) 狗为什么会进化出游戏的能力？为什么有些动物进化出了游戏的能力，比如狗，而其他动物却没有？(2) 游戏如何能使狗适应环境？这种行为对狗的繁殖适合度有何影响？(3) 狗进行游戏的原因是什么？例如，什么刺激诱发了游戏行为（例如，游戏前的点头示意）？(4) 幼犬如何发展出游戏行为？随着个体年龄的增长，这种行为又如何变化？

行为学家通常还会区分对特定行为的**最终**解释和**近因**解释（proximate explanation）。他们可能关心一种行为的最终解释，比如试图理解狼进化出游戏行为的原因，以及游戏如何促进狼的繁殖适合度。廷伯根的前两个研究问题寻求的就是最终解释。或者，行为学家也可能会去寻找近因解释：动物个体追求的直接目标是什么，以及引导其行为的内在机制是什么？这种行为的认知和情感基础是什么？它的刺激诱因是什么？例如，一个直接诱因可能是一只狼对另一只狼发出了邀请游戏的信号。廷伯根的第三和第四个问题与行为的近因解释有关。因为，这里想要寻找的原因就在当下的社会情境里，而不在过往的进化进程中。当然，这两种类型的解释紧密相关，但区分两者也极为重要。

行为研究：观察和记录动物的行为

在早期动物行为学研究中，由于行为发生之后就会消失，人们拿不准该如何观察和测量行为。不过，康拉德·洛伦茨强调，行为不仅是动物会"做"的事情，也是动物所"拥有"的东西。我们可以像研究解剖结构或器官——自然选择作用其上——那样，研究动物行为。通过仔细考察，我们可以像描述心脏或胃一样去描述一个行为，也可以测量动物的行为，并了解动物为何会在特定情况下表现出特定的行为模式。

因此，要回答廷伯根问题，基本的研究方法即为：对所研究的动物的行为模式进行仔细的观察和描述。观察提供了有关动物在不同情况下的正常行为模式的信息，从而使研究者能够进一步探索这些行为模式的进化、功能、因果和发展。其中，由于行为能力会在自然选择的压力下进化，认知行为学家倾向尽可能在自然选择起作用的环境下对动物进行观察和实验。不过，圈养动物的研究（特别是模仿自然环境的条件下的研究）也有一定的价值——能够提供在野外无法收集到的数据。例如，独居猫类等行踪隐秘的动物的社会互动，或是动物与幼崽在巢穴或巢穴附近的社会互动。

大脑与道德：社会神经科学的贡献

社会神经科学探究社会行为的生物学基础，尤其是大脑和神经系统如何影响社会行为，如亲近感、共情或信任。这些研究为动物行为学的社会、情感和道德生活方面增添了额外的色彩和细节，并且，不断有研究表明，人类和动物之间具有强劲而广泛的连续性。最近，洛克菲勒大学的知名神经生物学家唐纳德·普法夫（Donald Pfaff）出版了一本专门研究公平竞争和利他主义的神经科学著作。在这本书中，普法夫表明"黄金法则"是人类大脑的固有法则。豪尔赫·莫尔（Jorge Moll）和他的同事关于人类道德和利他主义的神经基础的研究，也提供了许多洞见。

动物行为学主要是基于行为观察获得数据，社会神经科学则倾向寻找行为的近因机制或直接原因。例如，共情、信任或其他社会行为的神经关联物（哪些脑区被激活了）和生理过程（哪种激素释放进入大脑）。在与动物道德相关的社会神经科学研究中，神经生物学家雅克·潘克塞普（Jaak Panksepp）对大鼠社会行为的研究十分生动。与在野外观察大鼠的社会互动不同，为了探索大鼠的大脑和身体内部所发生的事情，潘克塞普在实验室中精心设计了特定类型的社会互动，然后从大鼠的大脑组织中获取切片，并详细记录大鼠神经活动的模式。在与情感有关的神经化学机制方面，潘克塞普已有重大发现。

例如，他的研究表明，大鼠幼崽的游戏行为会导致大脑中阿片样物质的释放，从而产生社会性的舒适感和愉悦感。他还发现，大鼠会感到快乐，甚至还会在被挠痒的时候大笑。

对理解动物道德来说，当前社会神经科学中的镜像神经元（mirror neurons）和梭形细胞（spindle cells）这两个领域至关重要。在20世纪90年代初，研究者偶然发现了镜像神经元。在对控制猕猴手部活动的大脑区域进行的研究中，研究者监测了猴子捡起食物时的大脑活动。他们注意到，当猴子看着研究者拾取食物时，某些神经元会被激活——而当猴子自己拾取食物时，这些神经元同样会被激活。猴子的大脑"镜像"反映了研究人员的动作。

2007年11月，科学家得到了这样的结论，认为人类大脑中存在独立的镜像神经元。事实是，具有镜像特性的神经元广泛分布在我们的大脑中。通过想象自己做出和他人同样的行为，并且在心理上将自己投射到另一个人的立场之中，镜像神经元使我们能够理解另一个人的行为。科学家目前认为，镜像神经元可能参与了语言的发展，而且，在理解他人情感的能力中也发挥作用，后者与本书尤其相关。大脑会镜像地反映动作，也会反映情感。因此，镜像神经元可能是理解共情——体会他人感受这种能力的关键。2006年，《纽约时报》引用了镜像神经元研究者贾科莫·里佐拉蒂（Giacomo Rizzolatti）的话："镜像神经元表明，我们掌握他人思想的方式不是概念推理,而是直接模拟;不是依靠思考,而是依靠感觉。"[1]研究者认为,镜像神经元可能也作用于其他知觉形式,如听觉和嗅觉。同时,镜像神经元系统的缺陷可能会导致认知障碍,如孤独症。神经科学家V. S. 拉马钱德兰(V. S. Ramachandran)声称,"镜像神经元之于心理学,正如DNA之于生物学"[2],镜像神经元提供了一个统一的框架来理解一系列的心理能力。尽管这一结论可能有夸张的成分,但毫无疑问,镜像神经元的发现是一项里程碑式的成就,它将影响未来对人类和动物大脑的研究。

镜像神经元的比较研究仍处于起步阶段。在鸟类中观察到的镜像神经元,可能在声音模仿中发挥了作用。此外,镜像神经元也可以解释,比如,具有共情能力的小鼠在看到其他小鼠受苦后表现出了更强烈的疼痛刺激反应;大鼠宁愿挨饿也不愿看到同伴遭受电击;恒河猴倘若发现接受食物会导致同伴受苦,它们会拒绝接受食物。

神经科学的另一个重要发现,是鲸也有梭形细胞(又称冯·埃克诺莫神经元)。此前,研究人员认为,只有人类和其他类人猿才有这种特殊的、非常大的神经细胞,这些细胞似乎在共情、关乎他人感受的直觉以及快速肠道反应中发挥着作用。2006年,帕特里克·霍夫(Patrick Hof)和埃斯泰尔·范德古赫特(Estel van der Gucht)报告称,座头鲸、长须鲸、虎鲸和抹香鲸的梭形细胞,与人类大脑中的梭形细胞位于相同的区域。鲸的梭形细胞位于前扣带皮层和额岛皮层,这两个大脑区域对做出快速的情感判断非常重要,例如判断另一个动物是否感到痛苦,以及判断一个经历是否愉快。事实证明,鲸的梭形细胞比人类多了3倍。埃默里大学的鲸类专家洛里·马里诺(Lori Marino)总结了鲸类梭形细胞的重要性,她指出:"越来越多的证据表明,鲸类和灵长类动物在认知能力、行为和社会适应性方面是相似的。"3

虽然社会神经科学的研究数据对于深入了解动物的心灵极具价值,但研究中的实验个体所忍受的痛苦和折磨却令人不安。提到这一点是因为,对动物认知和情感的了解越深入,这类研究的伦理问题也越来越多地浮出水面。

一点哲学讨论

《野兽正义》并非一本哲学著作,但哲学对于我们想要做的事情来说的确很重要。事实上,哲学一直与科学相关:科学在很大程度上是由科学从业者的世界观所塑造的。(广义上的)哲学决定了我们要问的问题和要寻找的答案类型。不过,本书涉及的哲学内容比大多数的书要更为尖锐。

"动物有道德行为吗?"这个问题既不是纯粹的科学问题,也不是纯粹的哲学问题,我们必须同时处理这两个方面。一方面,它关乎一些合理的科学问题:动物个体,特别是在群居生活的复杂社会互动过程中,它们究竟发生了哪些心理活动?对于能否恰当地将某些动物行为描述为道德行为而言,这些问题具有特别重要的意义。焦点集中在动物是不是有能力体验丰富而复杂的情感生活,动物是否有自我意识,是否记得过去的事件,是否能预测未来,是否能够用复杂的方式来"理解"复杂的社会互动。此外,动物之间微妙的相互关系,包括动物群体内部和动物种群之间的细微行为差异也需要关注。我们认为,已有的观察数据能够支持我们的主张,即动物的特定行为模式构成了一个道德体系,而且,随着时间的推移,对使用"动物道德"一词的科学抵制将会消失。

另一方面,在为动物的道德行为辩护的同时,我们也在解决一个更大的问题:什么是道德?让我们明确自己的任务:我们对动物的行为感兴趣,而不试图对人类和动物的道德进行比较分析。不过,在探索所有高度社会化的哺乳动物(包括人类)所共有的道德行为现象时,很难回避对人类道德行为的一些讨论。事实上,迄今为止,人们在思考"什么是道德?"的时候,都只考虑了智人(Homo sapiens),因此,我们不可避免地需要关注,究竟该如何理解人类道德。

在过去的几十年里,哲学领域对人类道德行为的研究,与动物行为学研究所取得的数据,以一种有趣的方式相互交汇。"什么是道德?"这一问题的答案一直在变化与发展。研究表明，人类的道德行为在许多方面，比起常识观念的假定来说，都要更"像动物"。例如，道德通常被等同于理性判断和行动——当面临道德困境时，我们对最佳行动方案做出判断（理想情况下基于道德原则），然后采取行动。然而事实证明，理性和判断与行动并没有无缝衔接。人类心理学的研究表明，情景（环境的特性）会对行为产生强烈的影响和偏见，以至于"判断"在任何意义上都不是纯粹的。哲学家约翰·多丽丝（John Doris）和斯蒂芬·斯蒂奇（Stephen Stich）从社会科学年鉴中找到了几个例子。一项研究显示，刚刚捡到一枚硬币的人更愿意帮助掉落了文件的女性，这种可能性比那些没有捡到硬币的人高了22倍。另一项研究发现，与正常噪声水平的环境相比，当附近有电动割草机运行时，受试者帮助掉了一些书的受伤男子的意愿会低得多。

　　看起来，至少有些道德行为是生理上所"固有"的。道德是生物特性进化的产物，最近的认知神经科学研究就在探索道德感的生理关联物。像共情、正义和信任这些人类的能力，都涉及大脑和其他身体系统的生理过程。例如，研究表明，当催产素水平增加时，信任的意愿也会增加。这是一种无意识且非自主的反应，它不依赖于更高层次的认知加工。在同样的意义上，共情反应也可以是非自主的（尽管它也可以由认知所塑造）。这些过程是对环境，特别是社会环境，做出的反应。我们的大脑一直与社会网络相连。

我们相信,对道德最恰当的定义应该是一个宽泛的定义,它囊括了一系列物种共有的行为。当然,仍然会有一些有趣的哲学问题,比如,如何根据那些我们用来理解人类道德的核心概念和范畴,包括能动性、良心、公正的判断等,来理解动物道德。我们将在第六章展开讨论这些问题。

现在我们想提醒读者,在《野兽正义》里,讨论的重点是社会性哺乳动物的道德行为,并且,这里对道德的定义暂时只适用于被讨论的动物。当然,比较研究的问题不可避免。事实上,我们的确认为,对道德的一般定义可以同等地适用于人类和非人类动物,而且从本质上来说,它在这两种动物身上描述了相同的现象。作为一套行为模式,道德是一种广泛的适应策略。不过,我们现在只关注(非人类)动物。

尽管古代和当代的道德哲学著作包含大量有趣的见解,但我们发现,一些和动物道德问题十分相关的贡献,主要来自于那些采用相对"经验主义"的进路来理解人类道德和动物本性的人。最近,许多道德哲学家开始与认知科学家、道德心理学家和神经科学家进行对话,从而努力发展出一种道德科学,或者至少严肃地对待科学对道德的哲学讨论的影响。同时,许多对动物感兴趣的哲学家,也开始与动物行为学家和生物学家进行互动,甚至开始直接观察动物。

那些挑战关于动物的刻板印象,并试图理解甚至改变人类与动物关系的哲学家的著作,当然也与野兽正义的讨论息息相关。动物具有道德,这一概念将会彻底改变我们关于动物是什么,以及我们应该如何恰当并负责地与之相处的观念。

我们已经为大家概述了动物道德研究所涉及的广泛的跨学科领域。从动物行为学到神经科学再到哲学,动物道德研究处于各种研究的交汇处。现在我们转向一些关于方法论的要点。研究动物的心灵和情感有很多挑战,我们想指出工作中一些更有争议的方面,以预先堵住一些针对我们所提供的数据的潜在反对意见和疑问。

证据:多少才算充足?

对我们的工作持怀疑态度的人可能会反对说,尽管现有的数据富有启发性,但根本就没有充足的证据能够严密地证明动物道德。事实上,科学家在如何理解动物的社会、情感和认知生活方面存在分歧。长期以来,人们认为动物不会感知和思考,这样的偏见使动物行为学和生物学领域在动物生活方面的研究落后于其他方面的研究。然而,这一趋势正在发生转变,人们开始关注动物丰富的内在生活,并试图理解动物如何在复杂的社会中共同繁荣。当然,我们仍有很多工作要做,动物生活的诸多方面可能永远是一个谜。不过,这并不意味着我们不能对动物的心灵和内心活动做出有力而可靠的论断。

有大量证据表明,社会性哺乳动物表现出一系列的道德行为。几乎可以肯定,新的研究会支持我们的观点。我们所做的研究本身并没有争议性,除非在一些罕见的情况下,需要我们谨慎对待。使用"道德"这个标签就是需要谨慎对待的情况。有必要提醒我们自己(以及怀疑论者),对一系列观察到的行为贴上"道德"标签,既是一种哲学举措,也是一种科学举措。对这一举措的哲学上的反对不应混淆为科学上的反对。怀疑论者需要小心,不要把这两者混为一谈。

共情的行为学:模糊还是清晰?

在与动物长时间相处之后,研究者几乎不可避免地会对他们所研究的动物产生一种亲密感,甚至是爱。专精于理论的学者可能会认为,这种对研究对象的情感投入是一种混淆因素,从而会在某种程度上影响科学家对研究对象应有的客观态度。但在现实中,这种依恋感让科学家对研究对象产生共情,反而使研究对象成为一个真正能让科学家产生直觉和洞察力的对象。动物的许多特性,只有在我们认识到它们是自己生活的主体之时,才会清晰地呈现出来。简·古道尔就打破了这种科学惯例,将她的贡贝黑猩猩命名为弗洛、菲菲和灰胡子大卫,而不是简单地用数字来指称它们。她对黑猩猩的长期研究显然为我们理解这些动物做出了巨大贡献,并且催生了大量的新研究。此外,杰出的野外生物学家乔治·夏勒也表达过这样的观点:"没有情感投入的研究是死板的。你怎么可能坐上几个月,看着你并不特别喜欢,且仅当作对象来看待的东西?你面对的是拥有自我感知、欲望和恐惧的生命个体。要理解它们是非常困难的,除非你试图有一些情感上的接触与洞察,否则你没办法做到。一些科学家会说他们是完全客观的,但我认为这是不可能的。"[4]当夏勒被问及凝视大猩猩的眼睛是什么感觉时,他说道:"我感觉到一种非常明确的亲近感。你看到的是另一个和你一样的生物,你知道它是你的近亲。你可以看到并解读它们脸上的表情。换句话说,你对它们正在做的事情拥有共情。以我们这个阶段的物种知识,试图了解动物在想什么是不可能的,但是你可以根据自己的反应来解释它们的反应。此外,它们很漂亮,它们是独立的个体。你可以通过它们的脸区分出每一只大猩猩。"[5]

虽然不是普遍正确,不过,进行实地研究、寻求建立经典动物行为学模型的研究工作,似乎都离不开对动物的同情和爱;研究者将动物视为主体,而非对象。隔离在实验室笼子里的动物被当作我们研究的对象;但在自然环境中,它们是自己生活的主体,生活在自己的家庭与社会之中。能够观察并记录它们是我们的荣幸。

除了与所研究的动物产生联系之外,还需要花很多时间与它们相处。简·古道尔最初获得了大约6个月的资金,在贡贝溪流野生动物保护区(Gombe Stream Game Reserve)研究黑猩猩,但她的初步发现意义非凡,以至于最初聘用她的路易斯·利基(Louis Leakey)得以为她争取到更多的研究资金。50年后,关于贡贝黑猩猩的数据仍在收集之中,这是在特定地点持续时间最长的动物研究。由于黑猩猩的寿命为四五十年,古道尔在那里待的时间刚好足够见证一个完整的世代循环。她能够观察到女族长弗洛的整个繁殖和社会生活,看到费根和弗洛伊德来到这个世界,成为男性领袖,并度过晚年。她了解每一只黑猩猩,并能像描述亲密的朋友一样描述每一只黑猩猩的个性和行为怪癖。我们需要这种长期的"沉浸式"研究来收集数据,以真正理解动物是如何作为社会成员生活在一起的,并且能够真正识别每个个体的行为差异。

不幸的是,古道尔和夏勒倡导的这种长期行为研究正在减少,并被短期研究所取代。许多研究人员急切地想知道动物会做什么,因为这一点对于理解和评估行为的神经以及激素基础研究结果的相关性至关重要。此外,资助机构通常不能够提供足够的资金保证项目的长期进行,因为研究成果才是推动进一步资助的因素。田野研究也会面临一些不受控制的因素,例如社会群体的变化、食物供应的变化、人类的出现。这些因素影响了研究对象的行为,以及可收集信息的质量和数量,因此获得的数据也可能有各种错误。

马克(Marc)经常会被要求快速总结他多年来在野生郊狼或社交游戏行为方面的研究,以便同事们能够将他的发现与他们所知道的关于社交行为神经基础的知识结合起来。但我们缺少的是对多样性的理解(即便是同一物种的成员所表现出的多样性),以及行为灵活性对发展社会进化理论(包括道德行为的进化)的核心作用的理解。科学家们通常基于数天、数周或数月的时间来发表大量论文,而非数年甚至数十年的时间。我们有大量的神经科学和分子生物学的数据,但我们急需的行为数据需花费更长的时间来收集。这需要耐心,甚至是一生的奉献。我们也不能强求研究一定有成果。为了感知动物个体行为的变量,我们需要在漫长的时间内观察数量繁多的动物。同时,理解产生个体行为背后的更大的行为语境也至关重要。我们需要在尽可能接近其进化过程的条件下对个体进行观察。通过对已知的(和已命名的)动物个体的长期研究,像简·古道尔和乔治·夏勒这样的研究者已了解到动物社会行为的细微差别,并与动物产生感情;这两点对进一步了解社会智能和情感智能背后的变量至关重要。

叙事行为学:动物故事及其意义

我们经常用故事来表达一个观点或提出一个关于动物道

德的问题。例如,我们会告诉你,一头名叫巴比(Babyl)的大象,它的同伴十分同情它;还有一只名叫纳克尔兹(Knuckles)的黑猩猩,它的同伴会调整各种各样的行为来配合它瘫痪的大脑。虽然故事吸引了很多人,但一些研究者认为这类描述也仅仅是故事而已。的确,趣闻轶事提供的数据,在本质上与实验性研究的可靠数据并不相同,它们无法取代严谨的科学研究。但使用故事或"叙事行为学",是动物行为科学的一个重要组成部分。最近,在苏格兰圣安德鲁斯大学工作的露西·贝茨(Lucy Bates)和理查德·伯恩(Richard Byrne)总结了一种利用轶事来研究动物认知的正规方法,而且,已经证明这种方法对研究大象的认知能力、灵长类动物的欺骗能力以及动物的教学能力都非常有用。

英文 narrative 一词源自拉丁语 narrere,意思是"详细讲述",与"知道"(gnarus)有关。一个叙述就是一个故事,或者是对观察到的现实的一个重构,并通过故事的讲述赋予一个事件以意义。叙述是一种解释行为。经验丰富的行为学家经常发现,数字和图表无法反映动物行为的细微差别和美妙之处;相反,他们往往会通过讲述该领域中的故事来阐明观点或提出问题。故事可以激发思考,激活科学家的想象力,引出新问题,描绘异常现象,挑战思维定式。有时,一些故事关乎令人惊奇的孤立事件,它们挑战着科学权威的既定假设。例如,讨厌的尼克这个故事在萨波尔斯基和我们的头脑中提出了这样一个问题,即动物是否可以残忍或卑鄙。同时,一个单一事件有时会引发相互矛盾的叙述,就如宾蒂·朱瓦的案例。行为学家对这些事件的理解存在分歧。

行为学家和其他研究者所实践的叙事行为学,不同于网上广为流传的"动物故事",也不同于那些在狗狗公园溜达的人所讲述的故事。经验丰富的行为学家,会通过对某一特定物种及其行为的认识进行叙述,在解释时还会涉及对环境和个体特性的关注。这本书中包含的故事(除了莉比引导卡修、水槽里的小鼠)都是叙事行为学的例子。大象和鲸富有同情心,狼会公平竞争,以及黑猩猩表现友善的故事均来自经验丰富的行为学家和生物学家,他们花了多年的时间来研究这些特定物种的行为。我们相信他们的观察、他们的"可靠数据",以及富有深刻洞察力的故事。

理解我们所见之事

能够将观察到的行为转化为科学语言是很重要的,但这并非易事。在关于合作的章节中将会看到,某种观察到的行为是否应该定义为合作是很难判断的。例如,梳理行为或集体狩猎,如果这些行为是合作,又该归属为哪种形式的合作。由于这个原因,在描述动物行为的时候,科学家会犹豫应不应该使用一些有太多含义的语言。生物学和行为学的惯例是保守地使用一些词汇,诸如共情、信任、利他、合作、公平。对于每一种特定的行为,无论是合作、利他、共情还是公平,我们都遵循谨慎使用标签的行为学惯例。超越常规的地方是:我们认为,公平、利他、合作和共情的行为结合在一起,代表了一种道德体系,这一体系在特定的动物社会中发挥着作用,就如同它在人类社会中发挥的作用一样。

类比的运用:寻找物种间的相似点和不同点

动物行为学家和其他科学家经常用类比进行论证。类比推理就是做出这样一个推论:如果事物在某些方面是相似的,那么它们在其他方面也可能是相似的。例如,动物行为学家会比较人类和其他动物,并寻找各种特征的相似性(和差异性),包括大脑结构、激素、生理学、解剖学、遗传学,以及行为、面部表情、发声等。他们观察不同物种之间,以及同一物种的不同个体之间的相似之处。当我们声称人类的道德情感与特定的大脑结构有关时,我们是在用类比进行论证,因为动物也有非常相似的大脑结构,它们可能也经历过类似的情感。事实上,许多物种的大脑在一些与情感有关的区域显示出相似的神经组织。研究人员最近在大脑中发现了一个叫作尾状核的区域，当人们基于信任做出决定时，这个区域会变得活跃。神经学家里德·蒙塔古（Reed Montague）指出，尾状核可能会接收或计算有关社会伙伴的决定是否公平的信息，以及是否打算以信任的态度来回报该决定的信息。[6]我们有理由相信，根据类比推理，人类大脑中专门用于信任的区域也会在动物的大脑中找到。由于包括人类在内的不同动物物种之间具有进化的连续性，因此，由类比方法得出的论点能够令人信服。

在强调进化连续性的重要性的同时，另一方面，我们需要把独特性原则放在我们关注的首要位置。因为几十年来，动物研究一直是为了满足人类的需求和欲望而进行的，因此人们有一种习惯性的倾向，即从我们对动物的了解中归纳出对人类的概括。然而，这种思维习惯会导致科学的不严谨和草率。每个物种都是独一无二的，即使在一个特定的物种中也会有个体差异。在道德领域里，我们不能把动物行为归纳为人类行为，也不能把人类行为归纳为动物行为。这就是为什么我们不断重复"道德具有物种特异性"这句口头禅。连续性并非千篇一律。发展心理学家杰罗姆·凯根（Jerome Kagan）在《三个诱人的想法》（*Three Seductive Ideas*）一书中提出警告，反对科学家和外行对抽象的心理过程（如恐惧、意识或智能）进行过度概括的倾向。他认为，这些术语没有一个指称单一、确定的属性，常常过于松散地指称一系列过程或行为。我们必须努力分析和区分这些现象的范围和具体情况。此外，诸如智能之类的概念,只有在参照年龄、性别、社会背景,当然还有物种的特定情况下才能得到正确理解。同样地,"道德"不是指一种统一的能力,而是指一组相关的行为模式,这些行为模式必须通过对物种、年龄、性别和社会背景等详情的细致分析来研究。凯根指出,围绕道德问题,"并不存在大量无懈可击、相互关联的事实,使之构成逻辑上强有力的论据"。[7]不管是在人类还是非人类中,道德的科学研究都还不过是襁褓中的婴儿。

拟人化的科学性

科学在很大程度上依赖于推理,几个世纪以来,"从动物到人类"的推理一直是生物和生物医学研究的基石。研究人员已经开发了无数的动物模型,他们从这些模型中推断药物或手术干预对人类病患的影响。长期以来,"犬类实验室"——通过让学生观察狗的心脏来教授人类心脏的生理学知识,一直是许多医学院的核心教学手段之一。这种教学方法背后的假设是,两种心脏之间有足够的相似性,因而能够成为有价值的教学训练,也就是说,"从动物到人类"的推理是坚实可靠的。然而,人们一直对这种推理抱有偏见,它常常被贴上拟人化的标签,并被认为是非常可疑的。

一些科学家抱怨说,用"人类"的语言来描述动物的行为是一种拟人化,是把人类的特征归为非人类(字面上说,就是给像人的东西赋予人性)。像对轶事的反感一样,这是一种科学需要克服的偏见。"拟人化"一词在科学界经常出现,通常用来批评某人的工作,仿佛"拟人化"是"草率"的同义词一般。然而讽刺的是,批评家对这一词的使用往往极其松散与不精确,以至于它更像是一种模糊的侮辱。说到草率的科学,正如马克在他的书《动物的情感生活》(*The Emotional Lives of Animals*)中指出的那样,这是多么讽刺的一件事,例如:当有人声称圈养的动物不快乐时,拟人化的批评者就会感到不安,但当他们反驳说"哦,不,你错了,'她'是快乐的"时,却没有意识到自己也在拟人。

倘若将一些情感归属给动物,反对拟人化的指控尤其会异口同声。这是教条滞后于科学的结果。仍然有一些研究人员,甚至一些行为学家,对动物有情感这一观点感到困惑。但这是一个哲学问题,而不是科学问题。他们可能会对动物很像人类,或者人类很像动物的想法感到不安。研究动物情感(如恐惧、快乐和嫉妒)的科学家所做的并不是拟人化,而是科学。这种研究使用的概念在科学里具有相对清晰的意义,同时,研究探讨的则是动物如何表现这些概念所表达的行为或情感。

用同样的术语来指称动物和人类,这没有什么不科学的地方,特别是在我们要论证不同物种之间存在同样现象的时候。共情就是共情。可能不同的物种表达或感受到的共情有不同之处,甚至同一物种的不同个体之间也并不相同。然而,在所有进化出共情的物种中,几乎没有疑问的是,共情产生于相同的神经结构,并在类似的社会环境中表现出来。例如,小鼠对感到痛苦的同伴产生共情,或是大象安慰陷入困境的朋友。我们也许可以用其他的描述来替代"共情",包括神经回路、肌肉运动、体温、脑电图和基因信号等,但这些描述既无趣也不准确。这种似乎经过净化的、更简洁的描述将社会环境排除在外,而社会环境对于讨论动物情感和动物道德非常重要。

进化的连续性表明了一种从动物到人类,并从人类到动物的双向流动。在我们的比较研究中,动物和人类理应呈现出一种对称,尤其是在研究动物情感、精神状态和道德行为时。这并不是说,我们一开始就要在动物身上寻找类似人类的特征,并希望能够找到。相反,我们的初衷是想理解动物是什么样子,并使用最贴切的语言和概念来描述所观察到的东西。正如萨里塔·西格尔(Sarita Siegel)所说:"我和猩猩待在一起的时间越长,就越确信大型猿类拥有意向性、自我意识、复杂的沟通方式、心灵理论、幽默感、情感支持的需求,以及许多其他类人的特征。基于这些原因,我觉得拟人化的类比和趣闻轶事是与动物研究相关且有益的。"[8]

加拿大生物学家哈尔·怀特黑德(Hal Whitehead)是业内

公认的世界领先的鲸类研究人员之一,他写道[9]:

在20世纪90年代末,出版了两部杰出的小说:《白色如浪》(White as the Waves),它从鲸的角度重新讲述了《白鲸》(Moby Dick)*中的故事……以及《白骨》(The White Bone),它讲述的是大象眼中的大象社会的毁灭……这两本小说都利用已知物种的生物学和社会生活来构建复杂社会、文化和认知能力的图景。书中的雌性动物关心宗教和环境,同时也关心幼崽的生存;而雄性动物居住在一个丰富的社会和生态结构之中,交配只是其中的一小部分。还原论者可能会认为这些小熊维尼式的生动描写是对动物生活的幻想。但对我来说,它们听起来真实可靠,并且,比起我自己的科学观察所得出的粗略的抽象数字,这些描述更接近动物的本性。

著名的古生物学家史蒂芬·杰伊·古尔德(Stephen Jay Gould)也指出:"是的,我们是人类,当我们描述在另一个物种中观察到的惊人相似的反应时,无法避免使用具有自身情感体验的语言和知识。"[10]拟人化之所以持存,是因为它是必要的,但也必须谨慎地、有意识地、同情地对待;须从动物的角度

---

* 赫尔曼·麦尔维尔(Herman Melville)的小说,讲述了船长亚哈被白鲸莫比·迪克咬掉了一条腿,从此踏上了追击白鲸的复仇之路的故事。——译者

来看待,并去追问,"成为那种个体会是什么样子?"我们必须尽力维护动物的观点。我们必须反复地问,"那一个体的经历是什么?"认为拟人化在科学中没有地位,或者拟人化的预测和解释不如机械论或还原论的解释准确的说法,并没有任何的数据支持。严谨的拟人化依然存在,也理应存在。

无论如何描述或指称,我们都赞同动物和人类有许多共同的特征,包括情感。我们并不是在动物身上植入一些人类的东西,而是在识别共性后,用人类的语言来传达我们的观察。在《沙龙》(Salon)杂志的一次采访中,灵长类动物学家罗伯特·萨波尔斯基评论道:"我是否会因为在交流中,对狒狒做了如此多的拟人化,而感到难过? 有人认为,那些部分就像他们认为的那样荒谬。尽管如此,我还是对一些更缺乏幽默感的同行感到震惊——他们竟没有能力认识到这一点。其实,从更宽泛的意义上讲,我并没有拟人化。要理解一个物种的行为,挑战之一是解释它们看起来与我们相似的原因。这不是在投射人类价值,而是去凸显我们与动物所分享的共性。"[11]

进行拟人化是一件自然而然的事情。在人类早期,拟人化可能使猎人能够更好地预测猎物的行为,而如今,这对于深入了解野兽的激情也十分有用。人类赋予动物以情感这种看似自然的冲动——并非模糊动物的"真实"本性——实际上反映了一种非常准确的认知方式。亚历山德拉·霍罗威茨(Alexandra Horowitz)和马克的研究表明,动物不断地为拟人化提供提示,我们希望可以用这些提示来描述和解释它们的行为、意图、信念和情绪状态。

在维基百科上,有一个**拟人恐惧症**(anthropomorphobia)的条目——害怕或憎恨承认非人类动物身上有那些我们认为是人类特有的性质。将忠诚和同情等道德行为分配给动物,一定会在某些人身上唤起这种恐惧反应。我们希望,在看完这本书后,他们的恐惧会减轻。

解读狼的内心

批评者通常很快得出结论,认为动物的情感生活太过私密或隐秘,以至于对此进行研究没有多大意义。动物确实有着它们自己的秘密,不过,它们内心的情感和道德生活却惊人地公开和透明。只要观察它们,倾听它们的话语,而且,如果你有这个胆子,还可以闻一闻它们与朋友或敌人互动时散发出的气味,再看看它们的脸、尾巴、身体、步态以及最重要的眼睛。这些外部现象能够告诉我们动物大脑和心灵的许多内部情况。

世界各地的人们,包括研究者,当被要求根据自己的观察去推断某只动物的情绪时,都很容易识别出动物的情感表达,而且,他们的回答往往高度一致。每个观察者,无论是否接受过动物行为学的训练,也都可以对动物的行为做出有意义的评估。行为科学家弗朗索瓦·威梅尔斯菲尔德(Françoise Wemelsfelder)和阿利斯泰尔·劳伦斯(Alistair Lawrence)对上述假设进行了测试。他们发现,经过训练和未经训练的观察者对动物的情感表现出高度一致的看法。这些测试结果构成了重要的数据,并表明哲学家所说的"他心问题",即永远无法获悉他人的主观体验的问题,并不是真的那么严重。

当然,对于他心问题,并没有完全或最终的解决办法。无论我们如何巧妙地切开大脑,在显微镜下观察不同的部位,我们永远都不会知道狼群确切的生活。因此,当一头公狼卢普(Lupey)邀请另一头公狼赫尔曼(Herman)一起玩时,我们只能推断卢普想玩,而赫尔曼知道这一点,并且也想玩。然而,有了关于狼的社交游戏行为的详细知识,我们就能够非常准确地预测,当卢普邀请赫尔曼一起玩耍时,接下来会发生什么。在狼和其他动物中,它们公开展示的部分能够揭示很多在它们大脑中正在发生的事情,因而真的没有多少猜测的成分。

让我们谈谈这件事的核心。他心问题并不妨碍我们理解动物是如何感受和思考的。为什么呢?首先,认知行为学和社会神经科学已经非常清楚地表明,动物的大脑并不是那么难以接近或私密,它们实际上是对人们公开的。我们已经知道了很多关于动物大脑的知识,而且我们每天都在发现更多的相关知识。其次,或许更重要的是,我们自己也是动物,我们对痛苦、快乐、嫉妒、同情和爱的体验,可能与其他动物极其相似。数据表明,生理学和心理学有足够的连续性,可以帮助我们推断出这些重要经验的共同点。最后,我们必须牢记,人类的心灵也是私密的。我们永远不可能爬进另一个人的皮肤或大脑里,真正了解他们的主观体验。然而,这并不妨碍我们理解他人思想或情感的相关反应;在大多数情况下,这种理解相当准确,且无需有意为之。滥用所谓的"心灵隐私"问题,只不过是为了找一个拙劣的借口,以忽视许多正在进行的研究,并维持我们对待动物的现状。

动物的情感与同伴的感受

动物的情感生活一直是动物行为研究的弱项。人们要么认为动物没有情感,要么认为动物的情感生活简单到无趣。甚至,直到最近,动物的情绪还被归类为简单的行为反应,可约等于由大脑或身体中的化学变化。例如,恐惧被描述为一种生理事件——"逃跑还是战斗"这一反应描述的是,在儿茶酚胺激素释放后,血管收缩、心肺功能加速等。人类的恐惧也可以这样简化,但大多数人都意识到,这样描述恐惧等感觉相当贫乏,恐惧也是非常多样的。幸运的是,这一切正在改变;现在我们知道,动物的情感生活和人类的一样丰富多彩。人们对动物情感十分感兴趣,也开展了很多新的研究,例如马克的《动物的情感生活》以及乔纳森·巴尔科姆(Jonathan Balcombe)的《快乐王国》(*Pleasurable Kingdom*)。人们对"消极"情绪(如痛苦、恐惧和攻击性)的聚焦,已经逐渐转移到"积极"情绪(如爱、喜悦和快乐)以及复杂情感体验(如同情、悲伤和宽恕)。动物的情感生活是动物道德的核心,对动物情感的新研究必将推动这一新生科学的发展。

动物道德的基础:社会性与智能

我们的一般性假设是,就动物物种来说,道德行为的复杂性以及道德智能的发展,取决于社会性和智能两者。道德是对社会生活演化的适应。许多人倾向认为,动物是独立的个体——如躺在我桌子底下的狗,或者沿着篱笆跑向我的喂鸟器的松鼠。但对于动物和人类来说,生活其实就是社会关系。正如"动物星球"的经典剧集《猫鼬大宅门》(*Meerkat Manor*)所展示的,动物的生活和人类的生活一样都是肥皂剧。动物会建立友谊,被发现撒谎或偷窃时也会在社群中丢脸;它们会调情,这种性挑逗时而被接受,时而被拒绝;它们争斗并和解,会去爱,也会经历失去。它们之中有"圣人"也有"罪人",有"害群之马"也有"良好公民"。

图2 在加拿大马尼托巴省的哈得孙湾,北极熊相互表达爱意。图片来自《自然影像》(Images of Nature),由托马斯·D. 曼格尔森(Thomas D. Mangelsen)提供

社会性是指,在一个稳定的社群中,动物与他者交往的倾向。在地球上的无数物种中,只有一小部分物种,发展出了高度的社会复杂性。在《社会生物学》中,爱德华·O. 威尔逊描述了四类生物,在他看来,它们代表了社会进化的顶峰,即菌落微生物和无脊椎动物(如黏菌和珊瑚),群居昆虫(蜜蜂、黄蜂、蚂蚁),高度社会化的脊椎动物,以及人类。尽管经常提到人类,但我们重点关注的是社会性脊椎动物,特别是社会性哺乳

动物。当然,道德的进化只是社会进化这个大图景的一小部分,而它作为一种广泛的进化现象,是我们议题的重要背景。

虽然我们有可靠的数据,能够支持一小部分社会哺乳动物有道德行为的说法,但我们确实没有足够的信息,对其他物种得出明确的结论。即使其他的生命形式缺乏道德,但我们仍能通过研究其社会形式的不同之处以获得进一步了解。例如,詹姆斯·科斯塔(James Costa)的《其他昆虫社会》(*The Other Insect Societies*)对昆虫社会的研究,挑战了以往由亲缘选择形成的单一社会范式(就像我们在蚂蚁、蜜蜂和黄蜂的群居安排中看到的那样)。他的研究显示了社会安排的多样性,而且还指出,社会的进化途径可能有许多种——并非所有途径都涉及亲缘选择。同样的,如果以开放的思维来研究哺乳动物的社会,我们可能会发现,在目前流行的范式下,这种社会无法被充分理解,从而推动我们去寻找一个更为丰富的理论框架。

个人与团体:社会生活的给予和索取

几乎所有的哺乳动物都表现出一定程度的社会性,至少达到足以交配或抚育后代的水平。但群居哺乳动物将社会性提升到了一个不同的水平。它们具有高度的互动性:个体生活在一个公认的社会中,并与群体中的其他成员形成持久的关系。在这一关系中,个体随着时间不断地邂逅,而每一次的互动都受到对过去互动的记忆和对未来互动的预期的影响。关系是动物个体之间协调的模式;一个动物的行为和感觉与另一动物的行为和感觉相关联。反过来,这种关系则发生在更大的社会群体(家庭、氏族和社会)的背景之下。

在许多社会群体中,个体建立起社会等级,发展并维持有助于规范社会行为的紧密联系。个体协调自己的行为——有的求偶,有的狩猎,有的保卫资源,还有的接受从属地位——以达到共同的目标,维持社会凝聚力。正如罗伯特·萨斯曼和奥德丽·查普曼(Audrey Chapman)在《社会性的起源与本质》(*The Origins and Nature of Sociality*)一书中所指出的那样,生活在群体中的动物,为了成为群体中起作用的部分,必须放弃一部分的个体自由。因此,社会性指的是"个体做出的妥协,所使用的机制,以及维持社会群体的手段"。[12]

丹尼尔·戈尔曼(Daniel Goleman)在《社会智能》(*Social Intelligence*)一书中指出,那些最终成为《财富》500强企业掌门人的人,之所以在商界表现出色,不是因为他们有"书本智慧",而在于他们过人的社会智能,解读他人的能力,建立友谊和联盟的能力,以及恰当地预期和回应他人欲望的能力。对于其他高度社会性的动物来说,社会智能也是成功生存和繁殖的重要因素。例如,罗伯特·萨波尔斯基对狒狒的社会生活如何影响动物个体的应激激素皮质醇水平进行的研究[13]表明,社会压力占据了狒狒生活中的很大一部分。比如,级别高的狒狒经常恐吓并骚扰级别低的狒狒,这对等级较低的狒狒来说压力极大。接着,萨波尔斯基证明压力会对动物的健康产生影响,包括血压的升高。比如,压力过大的雌性狒狒在生育健康后代方面要更困难些。他还发现,狒狒个体之间处理压力的能力差异很大,那些社会关系最稳定的狒狒处理压力的能力似乎是最强的。花更多时间与同伴理毛,以及与幼婴玩耍的雄性狒狒,其应激激素水平更低。在人类中,也观察到了这种社会关系、压力和健康之间的关联。

动物有多种维护社会秩序的方法,包括直接谈判、第三方调解,以及和解。[14]这些都是弗朗斯·德瓦尔所说的社群关怀的表现,或者"每一个个体是否能有益于促进群体或社群的一些特点,这些特点可以增加个体或其亲属因为群体生活所带来的利好"。这种社群关怀很像是道德:那些撕裂社会结构的行为(蒙骗、造假)是"错的",而那些创造让个人茁壮成长的社区的行为则是"对的"。

智能、行为灵活性和道德:它们之间有什么联系?

具有复杂道德行为的动物不仅有高度的社会性,其智能程度也很高。行为学家倾向将智能定义为特殊能力的总和，这些特殊能力是为了适应特定环境而进化出来的，且使个体能适应不同的环境并拥有行为的灵活性。这显然是一个宽松的定义，但这种宽松是有意为之。智能不是某种单一的技能或能力，也不是某种可以轻易或有效地在物种之间或者物种内部进行比较的东西。例如，问猫是否比狗更聪明并没有什么特别的意义。猫和狗都只做自身需要做的事。虽然比较同一物种的成员的聪明程度可能有用，但这中间也可能充满了误导性的推论。如果小狗菲多（Fido）比它的伙伴赫尔曼（Herman）更快地知道食物在哪儿，那么它是不是更聪明？也许吧，但如果赫尔曼学会了比菲多更快地躲避汽车，结论又会怎么样呢？赫尔曼就更聪明吗？帮助蝙蝠生育的助产士蝙蝠能识别出雌性蝙蝠的难产，它是否比不提供帮助的蝙蝠更聪明？又该如何看待黑猩猩制造与使用工具的文化差异？会使用工具的黑猩猩比不会使用工具的黑猩猩更聪明吗？似乎并非如此。特定的环境导致了工具的使用。所有拥有正常大脑的黑猩猩，在适当的环境下，都有可能显示出制造和使用工具的创造力。根据这些理由，格哈德·罗思（Gerhard Roth）和乌尔苏拉·迪克（Ursula Dicke）认为，智能在不同种类的脊椎动物中独立进化，这与智能"定向进化"（orthogenetic）的观点相对立，这一观点认为，智能只有一个以智人为终点的进化轨迹。

我们把智能定义为个体适应他或她的特定环境的程度。

并没有一种一般性的智能。智能不是一个普遍性的、可衡量的实体。杰罗姆·凯根写道:"[一般智能]的捍卫者……就像那些相信一种恐惧状态或一种意识类型的人一样,他们没有意识到,器官和生理系统是独立发展的。没有一个单一普遍的因素,可以代表动物或人类中不同种类的细胞、组织和器官的生长速度。'智能'一词经常出现在与人(有时也与动物种类)的年龄和背景无关,或与执行某项任务的证据基础无关的句子之中。"15智能有情境特异性的特点。再次重申,跨物种比较智能,甚至是同物种内比较智能,都困难重重。

智能通常与认知复杂性等同,例如,因果推理、灵活性、想象力、预测和记忆。这些的确是智能的重要方面,但也只是一部分。哈佛大学研究人员霍华德·加德纳(Howard Gardner)提出了存在多种智能的观点,加深了我们对人类智能的理解。人类智能至少有六个方面:语言、音乐、逻辑—数学、空间、身体运动和自知智能。动物也有多种智能,尽管每个物种的智能列表看起来各不相同。

社会智能假说

灵长类动物学家艾莉森·乔利(Alison Jolly)和心理学家尼古拉斯·汉弗莱(Nicholas Humphrey),对灵长类的社会互动中看似独特的复杂性进行了推测，引发了几个有趣的问题：灵长类动物大脑的大小与其社会生活的复杂性之间是否存在联系？社会性和智能之间的联系有多紧密？在最近的行为学研究中，最具争议性的观点之一——"社会智能假说"（或SIH，有时也称为马基雅维利智能假说）——专门回答了这些问题。社会智能假说的基本观点是，至少在灵长类动物中，社会技能的发展推动了智力的进化。

群居动物在处理社会信息和社会关系，了解谁实施过帮助，谁不值得信任，谁与谁结盟等信息时，可能会做得更好（群体自身亦如此）。了解和记录这些微妙的信息需要一个灵活、复杂和相对较大的大脑。社会智能假说的变体分别集中在社会行为的几个方面，这些方面似乎需要更高的认知技能，它包括形成联盟、实施欺骗，以及新行为的传播或教导。

一个相关的假设是，大脑的尺寸与群体的规模相关：动物管理的社会群体越大，所需的脑力就越多（从这个观点来看，脑力与大脑尺寸相关）。许多对社会性哺乳动物的研究表明，群体规模的平均大小和新皮质体积之间存在相关性：社会群体的规模越大，新皮质（大脑中参与更高阶处理社会信息的部分）的体积也就越大。各种灵长类动物都显示出这种相关性，例如蝙蝠、食肉动物和齿鲸。然而，相关性并不意味着因果关系，一些关于社会群体规模和大脑尺寸之间关系的结论仍是不确定的。

现在的观点或许可以称为"多因素假说"(multifactorial hypothesis)。可能所有的社会智能假说的变体都是对的,但也都不完整,社会复杂性和/或群体规模只是影响智力进化的众多因素中的一两个。为什么某些动物进化出了更高的智能,而其他动物却没有?对此,社会智能假说也许只能提供一部分答案。与社会智能假说相反的另一种观点,如"觅食假说"(foraging hypothesis)——即觅食策略(比如,动物是吃树叶还是水果)提供了引发智力提高的选择压力——可能提供了互补(而非矛盾)的进化解释。

我们关于动物道德行为的假说,并不需要社会智能假说之类的东西。不过,社会智能假说非常有启发性,这种致力于厘清社会性和智能关系的研究也与我们的项目相关联。从对社会智能假说的批评中,我们可以获得特别重要的见解。确实,社会智能假说有其局限性和反例,其中最重要的局限性或许就在于,它是基于灵长类动物的研究发展起来的,且主要依赖于对灵长类动物的行为研究。即使社会智能假说提供了一个关于灵长类智能的令人信服的假说,它仍有适用或不适用于其他动物物种的可能性。我们可以找到许多反例。例如,熊类家族成员,虽然是典型的独居动物,但相对于高度群居的食肉动物有更大体积的大脑和新皮质。灌丛鸦能够进行情景记忆,还能规划未来,这两种都是非常高级的认知技能,但灌丛鸦却相对不爱交际。

鬣狗专家凯·霍勒坎普（Kay Holekamp）认为，在理解社会智能假说方面还有很多工作要做，而且，我们应该谨慎对待大脑尺寸与社会性之间的关系。例如，已知哺乳类食肉动物的大脑尺寸和它们的有蹄类猎物的大脑尺寸都会随着地质时间的变化而变化——猎物的大脑尺寸增大了，它们的肉食性天敌的大脑尺寸也增大了。霍勒坎普指出，这些变化也发生在独居和群居的食肉动物身上，但这一趋势是社会智能假说无法预测的。在进化过程中，通常不止一种选择压力。与社会性相关的选择压力和其他选择压力相互作用着，例如复杂环境的要求。虽然社会智能假说做出了有趣的预测，且其中许多预测得到了证据支持，但霍勒坎普准确地指出，在未来，我们仍需要发展出能容纳更多变量的模型。

通过对非灵长类动物的仔细研究，可以扩展对社会性和智能之间联系的探究。最近，一场关于海豚智能的争论，为非灵长类动物的社会性研究提供了一个有趣的案例。超越灵长类动物范式的限制后，我们还可以了解很多东西。2006年，保罗·曼格（Paul Manger）提出了一个有争议的观点：导致鲸目动物大脑发育的主要选择压力是水温，而非社会复杂性；海豚的大脑之所以大，是因为它们的头部有大量的保温填充物。为了对曼格的论文做出回应，海豚专家洛里·马里诺和她的同事一起，对海豚的社会性和智能的现存数据进行了细致的审查。他们认为，社会智能假说与海豚的数据非常吻合。宽吻海豚生活在非常复杂的社会中,有着复杂的交流、协作、合作和竞争系统。它们结成简单联盟、高级联盟,以及长期联盟。灰海豚之间的合作也很出名,它们会维持一个直径超过100英尺的凤尾鱼群,以便所有的成员都能吃到食物。甚至有证据表明,海豚群体中的每一个体都扮演了不同角色,来促进合作关系和决策过程。所有这些例子都支持海豚拥有高级认知技能的假设。

关于社会性和智能的关系,还有一个问题:道德行为是如何与社会组织的复杂性(和/或规模)、社会智能联系在一起的?这个问题尚未得到探讨,但是,沿着这条道路继续探索,将会硕果累累。我们的观点是,道德行为的发展与复杂的社会性、智能密切相关:一个物种的社会网络越复杂,个体的道德行为就越复杂;而道德行为越复杂,个体的社会智能就越高。

更复杂的社会与更微妙的道德行为

我们的假设是,更高的社会复杂性与更复杂、微妙的道德行为有关。那么,这是否意味着像老虎和狼獾这样的独居动物就缺乏这些行为呢?并不一定。社交和独居并不是对立的,而是一个连续统一体上的两点。很少有真正独居的个体,因为,大多数个体都与自己或其他物种的其他个体进行着互动。以家猫为例,它是以独居方式自给自足的典范。那猫真的是完全独居的吗?当然不是。动物行为学家保罗·莱豪森(Paul Leyhausen)的研究16表明,猫对其他猫的嗅觉信号非常敏感,也颇感兴趣;这些信号并非随机发出,而是有明确意图地向其他猫传达着领地和性别的信息。这些都可以算作社会互动。在同一物种内部,也会有差异。例如,狼通常成群生活,但也会有独居的狼。

与狼不同,狼獾是高度独居的动物,而且,可能已进化出我们所讨论的几种机制。但我们并不能因此说它们缺乏道德行为。最有可能的解释是,这些道德行为对它们来说用处相对较小。所以,如果你想研究动物的道德行为,狼獾并不是最好的研究对象。相反,你应该看看高度群居的动物——狼、鬣狗、倭黑猩猩、猫鼬——它们之间存在各种复杂的社会互动。

统一性的道德概念:将各部分联系在一起

在过去的十余年里,人们越来越关注动物的亲社会行为,也越发认识到,动物的生活不仅仅是由竞争和冲突所塑造的。现在我们知道,动物有大量的亲社会行为,甚至,还有一些行为被看作道德的基石。但是,这个拼图的各个部分(共情、合作、公平)还没有拼凑成一个连贯的整体。

动物道德这一概念促进了一个统一的研究议程。对动物道德行为的探索，使动物行为学中许多看似截然不同的研究议程——动物情感、动物认知以及多种行为模式（如游戏、合作、利他、公平和共情）——结合成一个连贯的整体。动物道德还统一了来自不同学科的研究线索，包括动物行为学，当然也包括哲学、神经科学、心理学等。这就是为什么对各种动物的社会行为进行比较研究令人如此兴奋。

我们用"动物道德"这一词来指代一系列行为和能力，这些行为和能力孕育并促进了社会交往，也涉及个体适应不同社会环境所需的灵活性。这一系列行为包括合作、共情和正义，以及使这些行为成为可能的社交、认知和情感智能。现在，让我们将注意力转向对这一系列道德行为的细节之处的探索。

第三章

合作

报恩的大鼠与挠背的狒狒

如果关注科学新闻,不难发现,动物间的合作已成为大众媒体的热门话题。例如,在2007年末,科学媒体广泛报道了动物学家克劳迪娅·鲁特(Claudia Rutte)和米夏埃尔·塔博尔斯基(Michael Taborsky)的一项研究:如果一只大鼠曾受惠于另一只陌生的大鼠,这只大鼠就会帮助其他的陌生大鼠;他们将大鼠的这种行为称为"普遍互惠"。鲁特和塔博尔斯基训练大鼠展开合作——通过拉杆帮助同伴获取食物。实验表明,受到陌生同伴帮助的大鼠,更有可能去帮助其他大鼠。在此之前,人们一般认为,普遍互惠是人类和黑猩猩独有的行为。

在大鼠身上发现的复杂合作行为令人瞩目,却并非不可思议。在各种动物的合作行为这一大型数据库中,鲁特和塔博尔斯基的研究不过是其中一例。不妨再举两个例子。阿曼达·锡德(Amanda Seed),尼古拉·克莱顿(Nicola Clayton)和内森·埃默里(Nathan Emery)发现,对于无法靠单独行动获取的食物,秃鼻乌鸦(rook)——乌鸦的一种——会通过合作获取。动物学家克里斯蒂娜·德雷亚(Christine Drea)和劳伦斯·弗兰克(Laurence Frank)发现,即使没有经过专门的训练,圈养的斑点鬣狗也能通过合作获取食物。他们观察到,两只成年斑点鬣狗合力拉绳打开天窗,打开天窗后,它们就可以分享掉在地上的食物。德雷亚和弗兰克还观察到,鬣狗在合作时,展现出行为上的灵活性。也就是说,个体会通过调整自己的行为来配合不同的伙伴,包括那些不知道需要做什么的鬣狗。动物不仅会时时关注伙伴的行为,还会通过转换领导者的角色、变换位置以获取食物。

最近,大量关于合作的研究报告表明,越是想在动物身上寻找合作行为,就越能发现它们存在的事实。确实,只要观察动物一段时间,就能发现大量的合作行为和普通的"旧式"行为是共存的。合作,可以说是绑定并维系动物间社会关系的黏合剂。事实上,比起弱肉强食的血腥场面,你更容易看到动物间的合作与宽容。甚至在那些可能发生争斗的情况下(比如,为了一顿美味佳肴),合作也是优先的选择。举个例子,狼长期以团队为单位进行捕猎,并合力保护猎物不受其他动物的觊觎。尽管地位低的个体需要等地位更高的动物吃饱后才能享用食物,但在大多数情况下,食物的分配是为了让群体中的所有成员都能得其所需。跨物种的合作也时有发生。贝恩德·海因里希和他的学生们发现,渡鸦会将狼引向麋鹿的尸体,待狼扯破尸体(渡鸦无法做到)享用一番后,渡鸦也能分得一杯羹。马克在渡鸦和郊狼之间也观察到了类似的互动。

2005年,在《科学美国人》(Scientific American)的一篇文章中,弗朗斯·德瓦尔表明,诸如互利互惠、分配奖励与开展合作这样的倾向,并不仅限于人类。他写道:"其他动物进化出这些倾向的原因,与我们进化出这些倾向的原因,或许是一样的——在不损害那些支撑群体生活的共同利益的情况下,帮助个体最大限度地利用彼此。"[1]德瓦尔用卷尾猴(capuchin monkey)和黑猩猩分享食物的例子来论证这一观点:"这种引发友好行为的互惠机制,要求能够回忆,并且能够对这一记忆进行着色。在人类中,这一着色过程被称为'感恩',对此,我们没有理由以其他词命名黑猩猩的这一过程。"

合作行为在动物中普遍存在,不过,其表现形式复杂多样,且需要一系列丰富的认知和情感技能。合作行为是构成道德行为的一块基石。在这一章中,我们将探讨一系列合作行为模式,并从中找出那些可能与我们的道德行为模式相符的实例。

为生存而斗争:以合作平衡竞争

史蒂芬·古尔德不断提醒我们,达尔文所说的"为生存而斗争"(struggle for existence)是一种隐喻性的表达；甚至，达尔文也认识到，弱肉强食的竞争，只是个体实现成功繁殖的机制之一。与达尔文同时期的俄罗斯无政府主义者，彼得·克鲁泡特金(Peter Kropotkin)，在其1902年出版的前瞻性著作《互助论》(Mutual Aid)中，提出了另一种可能的机制。克鲁泡特金认为，合作和互助也可能增强适应性，并且，也更符合我们对自然界动物的实际观察。尽管，透过达尔文的竞争和进化的军备竞赛的视角，生物学家对动物的合作行为进行了大量探索，但我们仍会好奇，如果当初更严肃地对待克鲁泡特金的观点，进化论的思想史会如何发展。

在《互助论》中，克鲁泡特金表达了哀叹，尽管他"阅读达尔文的著作后，试图寻找激烈的种内竞争，最后却无功而返……事实上，我只观察到少量的高等级动物之间的种内争斗"。[2]他当时观察到的可能是，大量的合作行为中偶尔夹杂着一些攻击性和竞争性的行为。研究人员罗伯特·萨斯曼、保罗·加伯和詹姆斯·舍韦鲁对已发表的灵长类动物社会行为的数据，进行了仔细研究。他们发现，在灵长类物种中，绝大多数的社会性互动都是亲和性的，而非竞争性的，这和克鲁泡特金观察到的是类似的。大多数时候，这些动物友好相处，彼此合作。萨斯曼和他的同事总结道："在结成联盟、加深友谊、凝聚社会以及获取资源这些方面，与竞争性的互动相比，友好的、和平的、协调的、合作性的互动，发挥着更大的作用，在抵抗或改善外来者的侵略方面,也颇有成效。"³在简·古道尔对贡贝溪流国家公园的黑猩猩进行的长期研究中,观察到类似的现象;马克也注意到,社会性食肉动物有着类似的模式。在动物物种之间,合作与联盟是支配动物社会的主要原则。

为什么要合作？合作有什么好处？

动物的合作出于许多不同的理由,其中一个主要目的,是为了保护自身不受其他群体成员或其他物种的伤害。比如,雌性黑猩猩会结伴应对好斗的雄性;苍头燕雀(chaffinch)在面对入侵者时,会群起而攻之。动物还会轮流喂食和盯梢。例如,有亲缘关系和无亲缘关系的猫鼬会轮流当哨兵,一些猫鼬盯梢,另一些就安心进食;黄昏锡嘴雀(evening grosbeak)和许多其他种类的鸟类,在觅食和盯梢这两个方面,都表现出与之类似的模式。其他诸如结成联盟,以社区为单位养育和照顾幼崽,以及理毛这些常见的行为模式,也都是合作。这样的例子有很多:雄性海豚会组成一个名为"超级联盟"的群体来接近雌性海豚;雌性大鼠经常集体筑巢和哺育幼崽,它们甚至会分享乳汁;灵长类动物和有蹄类动物一样,通过互相理毛来维持复杂社交网络中的社会关系。当然,在所有的合作体系中,总有一些动物会作弊、欺骗或搭便车,但这些破坏规则的家伙只是例外,而非常态。作为动物社会的黏合剂,合作无处不在。

该如何看待这种无处不在的合作行为？为什么这么多的物种都进化出了合作？合作行为一直以来都是一个不解之谜,因为它不符合达尔文理论的预测,后者让我们探索的是竞争和不受约束的攻击。进化虽然是一个"竞争"的过程,但它并不意味着只产生竞争性的、无情的、攻击性的策略。进化显然可以,也确实可以产生合作和友好的策略。反过来,专业化的合作又能促进生物多样性。哈佛大学"进化动力学"(Evolutionary Dynamics)的项目主任马丁·诺瓦克(Martin Nowak)认为,合作是进化的三个基本原则之一,另外两个是突变和选择。"合作,"诺瓦克说,"是藏在公开的进化过程背后的秘密。也许,进化最值得称道的地方,就是能在竞争的世界中产生合作。"[4]

合作行为概览

我们用"合作"一词来概括所有基于共同目标的帮助和协作的行为,并且,通过大量合作行为(涵盖了梳理毛发、集体狩猎、共同照顾幼崽、形成联盟和玩耍)的数据,对合作、利他和互惠这些概念进行探讨。同时,我们也将留意促进合作的多种机制:诚实、信任、惩罚和报复、恶意,以及冲突下的协商。

合作及其相关行为,是一系列动物道德行为的重要组成部分。尽管如此,大多数合作的案例并不能归属到我们定义的"道德"中;因为在此之前,我们已经对道德的行为模式做出了限制,即要求行为具有一定的认知复杂程度,以及微妙的情感差异。重要的是要认识到,合作在自然界中无处不在,它有助于促进人际关系和社会道德的繁荣。为此,需要对动物的合作行为这一广泛的现象进行检验,并尝试找出那些可以毫无争议地被贴上道德标签的合作行为。

尽管我们已经举了一些合作的例子,如梳理毛发、合作狩猎和分享食物,但更让我们感兴趣的是,隐藏在这些行为背后的是什么:是什么样的认知和情感能力,使得动物能够参与这样或那样的合作性社会互动。德瓦尔强调了类似的观点:"在讨论什么构成道德时,实际的行为不如其背后的能力重要。例如,与其论证分享食物是道德的基石,倒不如说,更紧要的是分享食物背后的能力(如高度的容忍,对他者需求的敏感,互惠的交易)。"5

初步澄清:生物学术语与日常用语

伊薇特·瓦特(Yvette Watt)是澳大利亚塔斯马尼亚州首府霍巴特的艺术家和动物权益倡导者,她向马克讲述了关于两只狗的故事:有一只狗,总是吃得很饱,很快乐;而另一只狗则总是被绳子拴着,很悲伤。这只快乐的狗,每天散步时都会碰到它那不幸的邻居。一天晚上,那只快乐的狗一如既往地享用了它的晚餐,但留下了自己的肉骨头。在第二天早晨散步时,它带上了那块肉骨头,并将其递给那位被拴着的朋友。洛兰·比格斯(Lorraine Biggs,把这个故事讲给伊薇特的人)认为,那只快乐的狗的所作所为,是一种利他行为。他说的对吗?生物学中,利他的含义并不那么明确,而在其他情况下,也没有多少术语被用来谈论动物之间的合作。

合作的行为簇中的某些术语,如利他和恶意,在生物学中,有着不同于日常会话的特殊含义。在日常语言中,利他是指对他人福祉的无私关怀,这其中尤其强调的是无私。如果你帮助一位老人过马路的动机,是因为想被提名为本月最佳公民,那么,你的行为并非真正的利他行为。生物学上的利他就缺乏这种道德色彩——不涉及对意图或动机的解释。当生物学家谈论自然界的利他行为时,他们使用的是成本和收益这样的术语,兑现的则为繁殖适合度的结果。在哲学家埃利奥特·索伯(Elliott Sober)和进化生物学家戴维·斯隆·威尔逊(David Sloan Wilson)合著的《奉献:无私行为的进化和心理学》(*Unto Others: The Evolution and Psychology of Unselfish Behavior*)中,他们指出:"生物学家完全从生存和繁殖的角度来定义利他。"[6]利他是指这样一种行为,行动者需要付出代价(降低了繁殖适合度），但有益于接受者（提高了繁殖适合度）。在生物学中，"利他"并不等于"道德"。

在讨论动物道德时，必须注意"自私"这个术语潜在的模糊性，因为科学的和日常的含义很容易混淆在一起。生物学中的"自私"概念不涉及道德，理查德·道金斯（Richard Dawkins）的著作《自私的基因》（*The Selfish Gene*）将这一观念做了推广。自私是指基因促成繁衍的倾向或"驱动力"，而基因，据我们所知，是没有意图的。道德（包括无私行为）的进化，与"自私的基因"理论完全一致。需要记住的是，某一行为为何会进化以及动物为什么会表现出当前行为这两个问题的解释是不同的。不幸的是，要抹去刻在这个词上的道德内涵几乎不可能。这一点，就连科学家似乎有时也会忘记。现在，让我们明确这一点：从进化现象来看，自私的基因和道德的动物（不仅是看起来有道德，而是真正拥有道德）完全可以共存。

为完整起见，我们还要提到恶意，它在生物学中也有特殊的技术性含义。在恶意行为中，所有个体都会付出代价：行动者为了惩罚接受者而付出了繁殖成本，同时，接受者也付出了繁殖成本（因为不合作或以某种方式作弊）。尽管有些动物可能会对其惩罚的对象感到怨恨，但恶意在其技术性含义上无关道德。非人类动物是否有恶意行为值得怀疑，专家们的共识是，除了关于一种寄生蜂的同胞之间的恶意这一饱受争议的报告外，目前还没有关于这种现象的可靠案例。

也有一些术语,在生物学中没有特殊的定义,因而与日常的用法并无区别,比如合作和互惠。合作是一种双方在互动时都能受益的行为。一般来说,参与合作者没有代价,只有好处。互惠是一种相互的社交形式——你帮我挠背,我也会帮你挠背。为了让你受益,我可能会先有所付出,但我会期望在这之后你也能让我获益。在互惠的交易中,好处并不一定即时兑现——现在提供了帮助,将来会轮到你得到帮助。当然,站在人类的视角看,合作和互惠通常都不算具备道德价值,缺乏这些行为,也不代表就是坏人(也许是个反社会人士,或是一个不理想的公司雇员,但并不需要为此进行周日祈祷)。也许,这就是为什么人们没有尝试为这些概念赋予科学上的特殊意义——它们并没有太多的道德分量。不过,这也让我们的工作变得有些困难,因为,在将一些概念"去道德化"的同时,我们也想将一些概念"道德化"。

在科学文献中,合作有时被当作利他的同义词,有时又被视为与利他和互惠有别的特殊行为范畴。对于我们来说,很难避免这种模棱两可的情况,因为在我们的工作中,这些含义都有涉及。在本章,我们选用合作这个词来发挥主要作用,而利他和互惠则作为合作行为的两种具体类型。

除了语言使用上的模糊之外,在标记合作行为时,还有一个额外的问题。有时,我们很难确定,观察到的行为应该被标记为利他(行动者付出,接收者获益)还是合作(两者均获益)。

例如，在伊薇特·瓦特的故事中，即使我们假设快乐的狗和悲伤的狗没有亲缘关系，我们也无法得知，快乐的狗是否是为过去的事报答悲伤的狗。这一点很重要，因为按照利他的严格定义，快乐的狗把肉骨头给悲伤的狗，是一种付出，而不是获益。事实上，在绝大多数关于动物利他和合作行为的研究中，研究人员都不知道个体之间的亲缘关系，也很难知道动物在繁殖结果方面的付出和收益。

从神经回路到社会回路：合作行为的层次

尝试理解合作行为进化的原因和过程，对研究者来说，伴随着许多挑战。其中一个挑战是，很难从更大的社会关系背景中提取合作行为。在有关合作的文献中，倾向把合作视为一种孤立的现象。然而，合作与一系列亲社会的亲和行为和帮助行为有着紧密而复杂的联系。合作的生理和神经机制也可能是其他亲社会行为的基础。

沿着这些思路，心理学家谢利·泰勒（Shelley Taylor）在《抚育的本能》(*The Tending Instinct*)中指出，利他行为对生存是如此重要，以至于大自然通过将其连接到几个不同的神经回路来"支撑"这种行为。泰勒有关人类的观察[7]表明，利他可能是十分基础的东西，"它来源于建立联系的能力，并根植于攻击、关爱和支配行为的神经回路"。催产素、升压素、内源性阿片样肽和生长激素构成了她所说的亲和性神经回路——"一种拥有会相互作用及同时发生的路径的复杂模式,它能够影响社会行为的许多方面"。在哺乳动物中,催产素在分泌乳汁、分娩、母性关怀、母婴联结、配对联结、性行为和形成社会依恋的能力中发挥作用。催产素通过降低动物在接近他人时的本能抵抗,来促进亲社会行为。虽然催产素可能是为了促进母婴关系而进化,但因为促进了社会亲密和信任,它在培养合作行为方面似乎发挥了更广泛的作用。泰勒的工作表明,在研究合作行为时,我们不能撇开其他亲社会行为。

合作常常伴随着"亲和"行为,这种行为可以加强社会联系,或让动物和平共处。例如,理毛是亲和性的,因为至少有两个动物必须在很近的距离内;它也是合作性的,因为这是一个互惠的交易。亲和行为为合作的蓬勃发展创造了条件。

与其他社交活动一样,合作也可以在多种层次上实现:亲缘或非亲缘的二元关系、大型群体网络(鱼群)、家庭(草原土拨鼠聚居地)、小而紧密的群体(狼群)等。合作可以在一个有机体内部发生(细胞在器官中合作),也可以在一个社会乃至整个生态系统中发生。合作可以是同时的(一起出动,如组团狩猎),也可以是连续的(你现在给我理毛,我随后给你理毛)。它可以在几秒钟内发生,也可以持续数年。因此,在理解合作时,需要注意这些不同层次的互动。

从观察到某行为，到得出这一行为是一种合作行为的结论，这个过程通常并不简单。在动物行为学文献中，我们看到很多动物似乎在互相帮助，或朝着共同目标努力。例如，狼群追逐麋鹿，似乎是一种精心编排的战略。一只狼向左，另一只向右，还有一只留在正中间。任何一只狼都无法单独猎杀体形庞大的麋鹿，是狼群拿下了这头麋鹿。在杀死猎物之后，它们通常会根据等级轮流进食，等级高的动物有优先权。这些狼在狩猎过程中进行了合作吗？很难说。可惜，观察并不能直接给出解释。一些科学家认为，这些狼在一起捕猎时，脑子里有一个统一的目标；而另一些人则认为，狼之间的行动可能是相互独立的。它们配合行动，是因为它们知道单独捕获麋鹿的可能性很小。此外，还有一个更简单的解释：狼的行动只是碰巧配合到一起，毕竟每只狼都很饿，也都在寻找猎物。这种偶然的互动，只不过是个体都在追求自己的目标。

我们注意到，并不是所有的动物学家和生物学家都认同，动物之间的合作是真正的合作。**事实上，一群黑猩猩在一起捕猎，它们相互协调在树上的位置以最有效地捕获猎物，这也不一定就能得出它们在合作的结论。**如同狼，这些黑猩猩可能只是同时独立地行动，并没有任何协同工作的认知决策，尽管这看起来不太可能。归根结底，问题出在如何定义术语。合作的怀疑论者（暂且这么称呼）不想给动物贴上合作的标签，因为这似乎赋予动物太多的认知能力、太多的意图，以及太多(在这些怀疑论者看来)动物显然没有的东西。然而,也可能是对合作行为的定义过于狭隘了。毕竟,对于人类来说,共同努力后实现了同一个目标,也并不表明合作者都做出了谨慎的认知选择。可以说,社交互动的很多"原因"都不为人所自知。或许,我们并没有打算合作,也没有对其好处进行明确的计算,但我们就是这么做了。人类处在合作状态时,会无意识地对面部表情和声调进行持续地评估,那么,对动物来说也是如此。

合作行为的最终解释和近因解释:过去和现在

对上述狼群合作捕猎的例子,动物行为学家可能会寻求两个层次的解释。一方面,她可能想知道狼群现在在做什么,对此,她可能会寻找**近因**解释。每只动物追求的直接目标是什么,以及指导其行为的内在机制是什么?这种行为的认知和情感基础是什么?刺激的触发条件是什么?例如,一个近端的触发条件可能是麋鹿发出的邀请追逐的信号,比如,麋鹿像溜溜球一样弹跳的步态,似乎在对捕食者说"来抓我呀"。另一方面,动物行为学家可能会对**最终**解释感兴趣:探究合作狩猎的行为是怎样进化出来的,以及它如何有助于提高狼个体的繁殖适合度。

很多研究合作行为的文献,目标都集中在第二种解释上,试图理解合作在"过去"是如何进化出来的,以及合作何以成为个体或群体的成功策略。关于合作的几个主流的最终解释有:亲缘选择(kin selection)、互利共生(mutualism)和互惠利他(reciprocal altruism)。

还应该在这里简要提及对社会合作的另一个最终解释,即进化生物学家所说的群体选择。在群体选择中,选择的重点是整个群体的繁荣、生存或消亡。在讨论合作等现象时,不难理解群体选择的强大吸引力。我们直觉上会认为,合作性更强的狼群,从生存和繁衍的角度来看,会比合作性较弱的狼群做得更好。合作捕猎和保护食物能为群体带来更多好处,相反,食物的匮乏则会导致群体解散。然而,尽管群体选择具有直觉吸引力,但由于达尔文理论的强烈影响,群体选择仍然存在争议。在达尔文主义的理论中,选择的重点是个体的适应性,而不是个体所在群体的存亡。和其他一些生物学家一样,如戴维·斯隆·威尔逊和爱德华·O. 威尔逊,我们相信,作为一个理解合作和其他亲社会行为的进化的有用范式,群体选择可能会东山再起。[8]

虽然进化论解释有助于理解在现存动物身上看到的某些行为模式,但进化论解释也可能让我们对了解到的事物产生错误认识。许多行为模式都有复杂的起源,并且,这些缘由可能由于一些生物学原因和其他原因(例如,心理学或社会学原因)在行为系统中持续存在。当然,很可能有多种进化机制促进了这些社会互动的进化,现在,我们想了解的是,哪些机制适用以及它们何时适用。我们只能提供当前研究的大体状况。附带的警告是,随着生物学家收集的数据增多、对社会行为的了解更深入,这些理论解释可能会随着时间的推移而演变。考虑到这一点,让我们先回顾一下主流的关于合作进化的理论解释。

合作的进化

令达尔文感到困惑的是,某些行为似乎并不符合他提出的自然选择进化论。他假设,个体适应性是生存的关键,但当环顾四周时,他发现包括人类在内的各种动物,都形成了紧密联系的社会群体。个体为了共同的目标而共同努力,个体甚至会为了集体的成功,牺牲一些自身的适应性。尽管达尔文为这种看似反常的行为提供了几种合理的解释,但直到20世纪60年代,有关合作的坚实理论工作才得以展开,研究者也收集了一些有助于阐明其背后的进化机制的实验证据。

目前,对于合作是如何产生的,已有几个有力的解释。一个可能的解释是,个体之所以会与亲属合作或帮助亲属,因为给亲属好处也是成功繁殖的机制的一部分;这被称为亲缘选择。合作行为的进化也可能是因为合作者本身能从中获益。互利共生理论与互惠利他理论,都试图这样解释合作产生的直接好处。这三种解释都可能是正确的,合作行为可能以许多相互重叠和相互关联的方式进化。下面,让我们依次看看这三种解释。

如果你闻起来像我,你一定是我的亲戚:汉密尔顿的亲缘选择

20世纪60年代,人们对利他和合作行为的进化重新产生兴趣,这在很大程度上归功于威廉·D. 汉密尔顿(William D. Hamilton)的开创性工作。他于2000年在刚果期间感染疟疾而英年早逝。在感染疟疾时,汉密尔顿正在研究一个假说,即人类免疫缺陷病毒(HIV)最初是由非人灵长类动物传播给人类的。

汉密尔顿的早期论文(发表于1964年),掀起了动物行为进化研究的一场革命,因为他为利他行为提供了第一个严谨的解释。汉密尔顿和达尔文一样,对利他行为的进化特别感兴趣。在利他行为中,某个体向另一个体提供帮助时,会损失一定的繁殖适合度。汉密尔顿强调了亲缘选择在进化过程中的重要性,在这一过程中,共享一定比例基因(来自同一祖先)

的亲属，会表现出对彼此的偏好，但对非亲缘的个体则不会。当亲属间进行互动时，合作和利他将占主导地位。例如，个体可能更愿意把食物给兄弟姐妹，而不是给非亲缘关系的个体，因为相比无关个体，它的兄弟姐妹与它共享更高比例的基因。或者，相比非亲缘关系的个体，有亲缘关系的个体在捕食者靠近时更有可能互相警告，也更可能去照顾那些与它们有血缘关系的后代。

许多研究表明，在合作与利他的进化过程中，亲缘选择有着很强的推动作用。最著名的出于亲缘选择的利他行为案例之一，是康奈尔大学生物学家保罗·舍曼(Paul Sherman)对贝尔丁松鼠(Belding's ground squirrel)的警告行为的研究。发出警告是有代价的，因为这会增加个体被捕食者发现的可能性。事实证明，与住处附近有遗传亲属的雌性相比，不在遗传亲属附近筑巢的雄性发出警报的频率更低。

斯图尔特·韦斯特(Stuart West)、伊多·佩恩(Ido Pen)和阿什莉·格里芬(Ashleigh Griffin)进行了另一项有趣的研究，为汉密尔顿的理论提供了有力支持。他们发现，至少包括15种鸟类和3种哺乳动物会在实施帮助时区分核心家庭成员和更远的亲属，而且，在那些帮助带来的好处很大的物种中，这种区分会更明显。通过帮助亲属获得的好处越多，它就越善于区分核心家庭成员和其他个体。

如果你想知道，动物是如何知道谁是亲戚，以及这种亲缘关系到底有多近的话，就不要低估它们的探测能力。例如，许多动物能够通过在气味上极其细微的差异来识别亲属。亲属与非亲属闻起来不一样。一同长大的兄弟姐妹会熟悉彼此的气味，这有助于识别亲缘。在遗传学上，嗅觉识别和主要组织相容性复合体(the major histocompatibility complex)密切相关。

不过，个体也可能会受到愚弄而错认亲属，即使在自然界中，这个系统也并不完美。在《圣经》里，雅各从哥哥以扫那里偷走了父亲的祝福。他们瞎眼的父亲以撒，因为雅各穿了以扫的衣服，就将雅各误认为是以扫，以撒"一闻到他衣服的香气，就给他祝福，说：'我儿子的香气'"。动物也可能受气味的误导。美国范德比尔特大学的研究人员理查德·波特(Richard Porter)和他的同事迈克尔·怀里克(Michael Wyrick)、简·潘基(Jan Pankey)发现，如果A窝的小刺鼠身上带有B窝小刺鼠的气味，那么B窝的小刺鼠就会接受它，就好像它本是B窝的一样。气味的相似性能战胜真正的遗传相关性。尽管如此，在自然界中，诸如此类的伎俩仍不够多，不足以推翻"腋窝效应"(armpit effect)——如果你闻起来像我，你一定是我的亲戚。

亲缘选择不仅在经验上得到了确证，还得到了大量理论(尤其是数学上的)模型的支持，能够对行为做出成功预测。然而，汉密尔顿的研究，尽管为相关个体之间的合作和利他行为提供了一个很好的解释，但还无法解释不相关个体之间的合作关系。在自然界中，似乎有很多不相关个体的种内合作，甚至还有跨物种的合作。对此,人们提出了另外两个假说来解释,为什么动物会帮助非亲属,或与非亲属合作:互惠论(也称为互惠利他主义)和互利共生论。这两种解释在理论上都是合理的,并且,都至少解释了合作行为的一部分(两者并不互相排斥)。不过,对于某些合作的具体案例,到底应该归为互利共生还是互惠,仍存在重大分歧。接下来,我们将描述每个假设,并谈谈两者的分歧,这与我们关心的道德行为相关。

在继续之前,先要说清楚的是,亲缘选择的利他行为不一定就是道德行为。贝尔丁松鼠的盯梢行为无关道德,单细胞群居变形虫盘基网柄菌(*Dictyostelium purpureum*)的自我牺牲行为也称不上道德,虽然这些也是亲缘导向的利他行为。当然,我们并不是说利他行为都无关道德。在后面的章节中,我们会讨论利他行为在什么时候可能是道德的,不过,大多数时候,利他行为都算不上道德行为。目前,我们只是在讨论合作行为进化的可能机制。

互利共生:一人偷懒,全体遭殃

互利共生的合作形式,是指两个或多个个体共同完成一项不能单独完成的任务。在这项合作中,所有的参与者都能立即获得好处。这是一种"一人偷懒,全体遭殃"的情况。个体之间的相互依赖达到这种程度,如果没有合作,就都会有所损失。路易斯维尔大学的生物学家、动物合作领域的主要研究人员之一——李·杜加特金(Lee Dugatkin)认为,互利共生是最简单、可能也是最常见的合作方式:因为每个个体都能得到好处,所以既不需要亲缘关系,也不需要复杂的认知机制(如计算得失)。

互利共生似乎在许多进行群体狩猎的物种中发挥作用。非洲野犬、狮子和狼会合作捕猎。当它们成群出动时,在捕获和进食方面,会比只有单个个体时做得更好。即使动物个体只考虑自身的利益,也能够进化出互利共生。互利共生似乎还在共同防御领土或资源、结成联盟、理毛、聚居和警惕捕食者这些行为中发挥作用。罗伯特·萨斯曼、保罗·加伯和詹姆斯·舍韦鲁认为,当灵长类动物合作时(也可能有其他物种),互利共生的进化并不需要所有参与者之间的利益和成本都是对等的。只要合作的成本较低,即使回报相对较小,合作行为也仍能进化。

不同物种的动物之间也可能互利共生。最新的一个例子,来自雷多安·布沙里(Redouan Bshary)和他的同事关于鲟科鱼和裸胸鳝之间合作的研究。这两个物种会一起捕猎,而且,它们的联合捕猎策略十分奏效。鲟科鱼会游到裸胸鳝休息的夹缝处,并快速甩动自己的脑袋,接着,这些裸胸鳝就会游出缝隙进行群体捕猎。布沙里的团队证明,这种合作不是随机的,鲉科鱼实际上是在向裸胸鳝发出联合捕猎信号。他们还证明,鲉科鱼和裸胸鳝都从这种交易中获益。

因此,互利共生,是指动物为了一个共同的目标而努力,但个体独立完成自己的任务。这种情况下,似乎没有"选择"合作的意识,也没有对合作是否"值得"的复杂计算。如果对未来利益的可能性确实有某种选择或计算,则不是互利共生,而要用到互惠利他的解释机制。

互惠利他:你帮我挠背,我就会帮你挠背

互惠利他理论,最早由进化生物学家罗伯特·特里弗斯(Robert Trivers)于1971年提出。特里弗斯假设,如果这种帮助在未来能够得到回报,个体就可能与另一个体合作或提供帮助。尽管现在我需要有所付出,但我还是会先帮你挠背,期望着你将来也会帮我挠背。由于回报可能不会立即兑现,时间因素在这种交互过程中十分重要,这在互利共生现象中也是如此。当然,这是一场冒险,因为对方很可能决定"欺骗"而不进行回报。因此,互惠需要一种机制来应对作弊者:肯定有某种方法能够检测作弊者,并适当地惩罚它们。在一个长期稳定的社群中,成员流失率很小,因此,基于未来的回报和检测作弊者的互惠利他机制,在理论上是可能的。不过,在动物

社会中，符合互惠利他行为的真正案例比较罕见。

在动物身上检验互惠利他行为并不容易，因为我们很难知道野生动物是否有遗传关系。因此，在通常情况下，几乎不可能将以亲缘选择作为合作基础的情况排除在外。辨别收益和成本究竟如何兑现也极其困难，尤其是，难以计算特定行为如何转化为未来繁殖的成效。

尽管困难重重，仍有一些案例被视为互惠行为的典型，尤其是一些灵长类动物的案例。举例来说，许多灵长类动物都会用理毛来换取被理毛，这种现象被称为"相互理毛"（allogrooming）。在一群灵长类动物中，理毛模式不是随机的，而是遵循一种"你帮我，我也会帮你"的逻辑：理毛是互惠的。例如，加州大学洛杉矶分校的人类学家琼·西尔克（Joan Silk），以及她在宾夕法尼亚大学的同事罗伯特·赛法特（Robert Seyfarth）、多萝西·切尼（Dorothy Cheney）发现，雌性草原狒狒花最多的时间理毛的对象，是那些之前为它们理毛次数最多的雌性狒狒。切尼和赛法特还表

图3 卢克斯（Luxe）以及它的两个女儿贝克斯（Bex）和纳克索斯（Naxos）组成一个理毛链。摄影：安妮·恩格（Anne Engh）

示,长尾黑颚猴(vervet monkeys)更有可能帮助那些曾经给它们理过毛的个体。理毛有许多不同的功能,从清除寄生虫的实际好处,到安抚和近距离接触带来的无形的好处——减少社会关系紧张,创造一种亲密感。因此,理毛不仅是一种互惠交易的形式,也是合作的催化剂:它使动物处于一种合作亲和的情绪中,从而促进社交。研究员多米尼克·约翰逊(Dominic Johnson)、帕维尔·斯托普卡(Pavel Stopka)和戴维·麦克唐纳(David McDonald)提出,社会性进化的早期阶段可能是"共同抓捕寄生虫,而不是像合作狩猎或父母共同照顾后代这种更戏剧性的例子"。

加州大学戴维斯分校的研究员本·哈特(Ben Hart)和莱内特·哈特(Lynette Hart)对黑斑羚羊(impala)的研究,提供了非灵长类动物互惠理毛的有趣案例。哈特一家发现,黑斑羚之间相互理毛,呈现出高度的互惠。理毛的好处是清除蜱虫(蜱虫会导致疾病),但理毛也有成本,即降低警惕性,以及因唾液增多而损失电解质。结果发现,无论性别年龄,在一对理毛者中,每个个体接受的清洁次数,与其付出的次数相同。小鹿也表现出互惠性的理毛。因此有理由认为,这种行为特征有很强的选择性。

有时候,除了理毛本身,参与交易的还有不同类型的"好处"。路易丝·巴雷特(Louise Barrett)和她的同事在南非德霍普自然保护区发现,没有宝宝的成年雌性查克玛狒狒(Chacma baboon），会用理毛来换取怀抱（别的雌狒狒的）婴儿的特权。根据他们的发现，在一些查克玛群落，理毛是一种很有市场的商品。与此类似，来自利物浦约翰·穆尔斯大学的凯西·斯莱特（Kathy Slater），以及她的同事科琳·沙夫纳（Colleen Schaffner）、菲利波·奥雷利（Filippo Aureli）发现，蜘蛛猴会用亲和行为，尤其是拥抱，来换取照顾婴儿的特权。

理毛是研究得最多的互惠行为之一，但除此之外，也有其他动物互惠的案例。其中，最生动的例子来自生物学家格里·威尔金森对吸血蝙蝠的研究。吸血蝙蝠每晚都会离巢觅食血液，它们通常从牲畜身上摄取血液。不可避免地，总有些蝙蝠没能成功获得血液，这十分危险，为了生存，蝙蝠几乎每晚都需要进食。成功觅食的蝙蝠会与失败的蝙蝠分享血液。威尔金森的研究表明，蝙蝠最乐意与那些曾经帮助过自己的蝙蝠分享。

李·杜加特金对鱼类（特别是孔雀鱼和刺鱼）"捕食者检验"（predator inspection）现象的研究，是互惠的又一个例子。"捕食者检验"是行为生态学家托尼·皮彻（Tony Pitcher）及其同事提出的一个术语，指的是鱼类缓慢地晃动着离开鱼群，游向潜在捕食者的行为，这种行为大概是为了测试捕食者是否饥饿。杜加特金研究了成对的检测者，观察它们是否以一种"以牙还牙"的方式采取合作，数据表明，情况确实如此。检测者差不多同时开始检测。这时，用生物学术语来说，它们是

"友好的",但如果其中一条停下,作为报复,另一条也会立刻停止检查。此外,检测者似乎记得谁是谁,而且更喜欢与合作者而不是骗子一起玩耍,但它们对后者并不怀恨在心。有趣的是,或许也令人惊讶(但我们认为,这值得钦佩),杜加特金把文章发表在著名的《自然》(Nature)杂志上,标题是《鱼的信任》(Trust in Fish)。

在我们看来,互惠可以是合作的一种特殊形式,但并不总是涉及合作。例如,马克在星期一给杰茜卡带了一个奶油芝士馅儿的咸味百吉饼,而杰茜卡在星期三也给马克带了一个百吉饼作为回报(也许,她希望马克在下一周还会给她带一个百吉饼),这确实是互惠,但算不上是合作,因为他们从来没有为一个共同目标而努力。

同时,并非所有复杂的合作都是互惠的。罗伯特·海因松(Robert Heinsohn)和克雷格·帕克(Craig Packer)研究了一群非洲雌性狮子的领土冲突。为了模拟另一组狮子的入侵,海因松和帕克播放了一盘提前录制的,具有攻击性叫声的磁带。他们发现,一些雌性,即"领头的"雌性,非常积极地接近这些"入侵者",而其他雌性则慢慢跟在后面。领头的雌性发现其他雌性的落后,但并没有惩罚这些没有尽责的狮子。海因松和帕克认为,非洲狮所表现出的复杂的合作策略,并不一定受互惠维持。

海因松和帕克的论文,除了表明互惠并不总是积极合作的一部分之外,还引发出关于动物社会惩罚的问题。在第一章提到过,惩罚,包括第三方对违反社会规则者的制裁,可能是动物道德行为的重要线索。在关于合作的理论文献中,对不合作者的惩罚是影响行为的关键机制之一。例如,蒂莫西·克拉顿-布罗克(Timothy Clutton-Brock)和杰夫·帕克(Geoff Parker)就利用进化博弈论,模拟了动物的惩罚策略,并表明,惩罚可能是一个重要的行为策略,用于维持支配关系、阻止欺骗、约束后代或潜在性伴侣,或维持合作行为。遗憾的是,关于动物惩罚的文献还很少,除了一些有趣的问题外,我们所知甚少。未来对这一重要课题的研究,需要将行为学、认知心理学、进化生物学甚至哲学结合起来。其实,这种跨学科的方法,正是深入研究合作及其相关行为所需要的。

最后再补充一点。有两项实验表明,一些动物可能表现出了生物学家所说的"普遍互惠"。在此之前,这种互惠行为还被认为是人类特有的。马克斯·普朗克进化人类学研究所的费利克斯·瓦内肯、布赖恩·黑尔(Brian Hare)和他们的同事观察到,不论是否获得奖励,黑猩猩都会自发地、反复地帮助那些试图从围栏内取回棍子的黑猩猩。这些黑猩猩,还会通过拆除门上的链条,帮助另一只黑猩猩进入有食物的房间。前面还提到过,克劳迪娅·鲁特和米夏埃尔·塔博尔斯基的研究表明,大鼠表现出了普遍互惠;被陌生大鼠帮助过的大鼠,会帮助其他陌生和不相关的个体。科学家都相信,在这两种情况中都确实发生了普遍互惠。这些研究虽然具有启发性，但仍有重要的局限性：实验对象都是圈养的，并且，要求完成的任务在野外也不太可能会发生。在确证普遍互惠之前，还需要进行更多的研究，尤其是，在自然环境中对动物进行研究。

在进一步讨论之前，让我们快速评估一下现在的处境。我们已经对动物表现出的各种合作类型进行了广泛的了解，发现在各种各样的物种中存在着大量的合作行为，且合作涵盖大量的行为模式（亲缘选择、利他、互利共生、互惠利他和普遍互惠）。我们还回顾了几种可能的合作进化机制。然而，动物在回报或合作时经历了什么，哪些认知和情感过程在起作用，这些都需要进一步探索。只有这样，我们才能走入道德的领域，探索合作行为是否构成道德行为，以及何时构成道德行为。

道德情感：合作的情感基础

现在，让我们来探讨与合作相关的情感和认知技能。请注意，我们正在从最终解释的问题转向近因解释的问题，从过去转向现在。由于近因问题和最终解释的问题很难完全分开，这一转变并不是无缝衔接的。不过，目前的重点是，对于合作行为背后的生理机制，我们知道些什么。如同对其他行为簇的讨论，我们会将对动物的了解与对人类的了解结合起来，寻找交点。

以色列海法大学的生物学家理查德·舒斯特（Richard Schuster）发现，某些动物会表现出一种"合作的偏好"——比起理论模型预测的结果，这些动物会更容易、也更频繁地合作。舒斯特认为，我们不能只看合作的直接结果，因为，推动行为进化的可能是一个长期的结果。某种特定的合作行为，可能对动物的适应性没有任何好处，但合作行为总体来说是有好处的。舒斯特以狮子为例：单独打猎的狮子，如果它能够成功捕获猎物，相比合作捕猎，它可以得到更多的食物；然而，当狮子一起保护领土和幼崽时，合作突然变得重要得多。合作可能不会产生直接的物质收益，但是具有长期的适应意义，因此，必须有情感状态来激励和奖励动物合作。

那么合作行为以及奖励合作行为的背后，是哪些心理机制在起作用呢？长期以来，由于人们一直认为动物没有情感——或者至少没有复杂、有趣的情感——所以，很少有研究直接涉及合作和利他所依赖的情感机制。但我们知道，在动物身上，情感确实以提高适合度的方式塑造行为。在人类的合作行为中，有大量的关于情感如何发挥作用的研究。鉴于人类心理学和动物心理学在结构上的连续性，进行比较研究的工作，可能为进一步研究动物行为指明方向。

也许，激发合作行为的最基础的情感，是亲近感（affiliation）——一种喜欢的感觉和一种社交亲密感。亲近感不仅产生于家庭关系,还源于长期的伴侣关系(爱)和友谊。近距离生活在一起的动物,可能不仅仅是在容忍他者的存在,实际上,它们可能还享受社交。这一点,反之亦然。大量的研究证明了这样一个事实:无论是在动物园还是在研究设置的环境中,被隔离的群居动物都会变得抑郁、紧张。

我们知道,内源性阿片样肽能够促进亲和性的合作行为。低水平的内源性阿片样肽会促使动物寻求社会性接触,积极的接触反过来又能导致内源性阿片样肽的释放。神经生物学家雅克·潘克塞普认为,内源性阿片样肽可能造成某种社交成瘾:当动物被隔离时,内源性阿片样肽的水平较低,动物就会渴望社交接触;当动物参与社交活动时,便一下子被内源性阿片样肽"击中",从而产生一种快感。[9]

合作会带来舒服的感觉吗?没错,数据显示确实如此。当进行合作时,我们常常被温馨的感觉所包围。最近,詹姆斯·里林(James Rilling)及其同事对人类进行的神经成像研究表明,合作行为与大脑奖赏处理中心——多巴胺系统的激活有关。合作时,大脑会释放多巴胺,给我们即时的愉快反馈并强化这种行为。这项研究很有意义,它假设了友善在社会互动中是有益的,还可能是促进合作和公平的刺激因素。

由苏黎世大学经济学家米夏埃尔·科斯费尔德(Michael Kosfeld)及其同事领导的研究小组提出,催产素可能在人类的亲近行为,特别是在信任方面发挥作用。科斯费尔德的团队发明了一种"信任喷雾",他们发现,如果志愿者使用了含有催产素的鼻喷雾剂,他们会变得更容易相信他人。催产素水平的增加会导致信任行为的增加。至少有一家公司,已经准备上市信任饮料。信任虽然不是必要的,但对人类合作来说肯定是重要的,它是友谊、爱情、家庭和贸易的基石。在动物之间的合作中,信任可能也起到类似的基础性作用。1981年,罗伯特·阿克塞尔罗德(Robert Axelrod)和威廉·汉密尔顿发表了一篇关于动物合作进化的综述,他们提出了这样的假设:动物更愿意与它们信任的个体合作,而动物社会中复杂的合作关系,可能建立在稳定、持久的关系基础上。

在动物社会中,其他情感对于促进合作也很重要。在合作中似乎也起着重要作用的因素,还包括愤怒(由实际的或感知到的伤害引起,如没有回报)、对所获好处的感激、宽恕、共情、恶意和嫉妒。关于动物愤怒的证据无可争议,对更复杂的社会和道德情感(如感激和羞耻)的研究则较少,不过,仍有理由认为,具有道德智商的动物能够形成广泛的情感状态,以培养和服务整个道德行为系统。

合作的认知基础:合作者需要什么样的大脑?

同其他的动物行为一样,合作源于发生在个体及其周围的外部事件——有生命体和无生命体的环境——与个体内部心理和生理环境之间的相互作用。我们已经研究了这种"内部环境"的一个主要组成部分,即塑造行为反应的情感信号和体验。现在,让我们来看看另一个主要的组成部分,即这些行为背后的认知机制。当然,认知机制和情感机制是交织在一起的,不可能把两者完全分开,但为了便于讨论,我们区分出了几个促进合作行为(尤其是复杂的合作行为)的认知技能。

具体而言,动物需要这样一种大脑:能够把过去和现在联系在一起,并能够对未来做出良好的预测。这个大脑,还要能够对其他动物(包括朋友和陌生他者)的意图和情感状态,做出合理而准确的评估。动物必须能够预测其社交伙伴的行为,这就涉及"心智化"(mentalizing)——将独立的心智状态归属于他者,将他者视为不同于自身的、有思想和情感的、独特的社会行动者。动物还必须具有相当大的行为灵活性,例如,能够根据对可能结果的评估,来选择或抑制某种行为。

有趣的是,支持互惠和复杂合作的心智能力,与在竞争中——特别是在复杂的欺骗和操纵中——发挥作用的心智能力基本相同。让·戴西迪(Jean Decety)和他的同事认为,社会认知,即理解他人并与之互动的机制,一方面,是从相对立的社会合作力量之间的互动中进化而来的,这种社会合作力量,可以通过提高安全性和获得更多资源来增强动物的适应性;另一方面,社会认知也可从竞争进化而来,这也能增强适应性，因为竞争使得个体在繁殖或进食方面有选择优势。

毫无疑问，动物有合作的心智能力。鉴于合作行为在动物王国无处不在，这一点是显而易见的。当然，也有许多的合作形式，只需要相对简单的认知能力。亲缘选择的利他行为和互利共生都可以在很多动物中发现，包括鱼、鸟和昆虫。然而，争议在于，动物是否具有更复杂的合作形式（如互惠利他和普遍互惠）所需的认知能力。这一点对我们来说特别重要，因为，我们想把这些更复杂的合作行为，视为野兽正义的一部分。

生物学家倾向将互惠利他行为视为合作行为的认知巅峰，一些人得出结论，认为只有人类才能做出这种灵活、微妙和复杂的行为。例如，哈佛大学的研究员杰弗里·史蒂文斯（Jeffrey Stevens）和马克·豪泽（Marc Hauser）就采取了这一思路，他们直截了当地指出，动物缺乏相互交流所必需的认知机制，动物之间的相处并不是真的友好。根据史蒂文斯和豪泽的说法，这些认知机制包括：数字量化、学习、记忆、估计时间的能力，以及将声誉作为评估潜在合作伙伴的标准。史蒂文斯和豪泽指出，互惠涉及复杂的认知技能，这一点当然是对的。此外，他们认为，动物并不像人类那样，以复杂的形式拥有这些技能，这些也都可能是正确的。然而，动物是否具有能够支撑复杂形式的互惠的认知能力，以及这些认知能力究竟包括哪些，仍还没有定论。毕竟，动物社会认知科学还很年轻,而且,几乎所有关于动物互惠利他的比较研究都还有局限,它们都集中在灵长类动物身上。

超越灵长类范式:避免认知物种主义

不论是科学家还是普通人,都倾向根据已知的灵长类动物的情况,对所有动物的认知能力妄下定论。例如,如果灵长类动物,特别是类人猿,不具备某种特定的认知能力,科学家们通常就会假设,这种能力在其他动物中也不存在,因为它们都比灵长类动物"认知进化程度低"。很难说这是严谨的科学。相反,这是一种认知物种主义,即基于不准确的刻板印象,否定整个动物群体的某些认知技能。对此,克里斯蒂娜·德雷亚和劳伦斯·弗兰克指出,研究人员在灵长类以外的动物身上看到复杂的合作形式时,往往会感到犹豫不决。针对认知物种主义,他们提出了以下关于比较研究的重要观点:"或者,应该将灵长类动物合作行为的认知内涵扩展到其他动物,也就是说,对那些能够解决类似问题的其他物种,我们至少应该认为它们拥有可与灵长类相比拟的技能;或者,考虑另一种可能性,即类似任务的完成与高阶的认知功能无关。"[10]我们赞成他们的第一个观点。

重要的是要记住,对不同物种而言,哪怕是最寻常的行为模式,它的表达方式也可能是独一无二的。例如,犬科动物和猫科动物倾向使用视觉信号,特别是快速而微妙的信息交流来解决社会冲突;啮齿动物在解决冲突时就更简单了,它们利用嗅觉线索。正如人类有独特的互惠形式一样,不同物种的动物也会表现出不同的互惠和合作。因此,对这些行为模式的研究,需要以一种广泛的分类学视角,分别使用适合所研究物种的方法和理论模型。我们尤其需要超越灵长类动物的范式,对于非灵长类动物进化出的与黑猩猩、人类一样复杂且具有良好适应性的合作行为的可能性,保持开放的心态。例如,在安妮米克·库尔斯(Annemieke Cools)和她的同事阿兰·范·豪特(Alain van Hout)、马克·内利森(Mark Nelissen)的一项研究中,他们对和解及三方调解关系是灵长类特有的这一假设提出了质疑。他们的研究表明,狗用来维持和平的社会机制,可与灵长类动物相媲美。还有在第一章提到过的,德雷亚和弗兰克对鬣狗在合作方面的研究。一般认为,非灵长类动物不可能做到鬣狗的这些行为。德雷亚和弗兰克在将研究成果发表到同行评议的期刊时,确实遇到了许多非议,因为读者们确信,鬣狗根本不可能有这样的行为。由于评论家的狭隘,贝恩德·海因里希在发表关于鸦科鸟类认知的重要数据时,也遇到了类似的困难。同样,鲁特和塔博尔斯基针对报恩大鼠的研究,也挑战了科学家们长期以来视为神圣的刻板印象,只不过,他们还是找到了出色的出版商。这里我们想强调的底线是，必须避免认知物种主义，也就是说，不要根据过时的线性进化尺度（区分"低等"和"高等"动物）做出决定。

在进行物种之间的比较研究时，认识到合作行为的认知机制的多样性，及各个机制间的微妙差异也至关重要。例如，布赖恩·黑尔的研究[11]表明，由于灵长类动物在社会生活中缺乏一致的模式，我们甚至不能对灵长类动物的合作进行概括。黑尔比较了倭黑猩猩和黑猩猩在同样的合作任务中的表现。如果向一对倭黑猩猩提供一盘食物，它们的反应是玩耍和摩擦生殖器（这是一种应对社交压力的反应），它们也倾向分享水果。但一对黑猩猩通常不会分享，并且，会避免与对方接触。在一项实验中，两个团队的任务都是通过拉绳获取一盘水果（类似于德雷亚和弗兰克的鬣狗任务）。如果食物被切成小块（便于分享），黑猩猩和倭黑猩猩都会进行合作，但当盘中的果实为整块时，黑猩猩合作的次数较少。在黑猩猩进行了合作的情况下，其中的一只总会试图独霸奖励。这再次提醒我们，行为因物种而异。

作为道德行为的合作：行为灵活性是否足够？

在前面，我们将道德定义为一套与他者相关的行为，这些行为能够培育和调节社会群体内的复杂互动。那么，在什么情况下，合作才是真正的"道德"行为呢？与一般的道德行为一样，我们认为，合作和利他行为的范围会很广，从简单到复杂。对此，需要划出最低标准，以确定哪些利他和合作行为模式属于道德范畴；还需要用这一标准，从合作行为的角度，划出部分属于道德动物的物种。

这里要小心术语，注意，利他在生物学中有特定的含义，它并不是道德的同义词。一些研究人员声称，黏菌（slime mold）有利他行为。例如，理查德·赫德森（Richard Hudson）和他的同事在《美国博物学家》（American Naturalist）上发表了一篇题为《细胞黏菌的利他、作弊和反作弊适应性》的文章。[12]这篇文章从技术的角度来看没有问题：在细胞黏菌中，一些个体细胞会"牺牲"自己成为黏菌柄的一部分，而这种黏菌柄必须死亡，才能支持活细胞。不妨引用赫德森及其同事的观点来说明，"低等"生物的研究人员确实使用了利他和合作这样的术语。他们写道："在细胞黏菌（CSMs）非凡的生命周期中，包含了一种极端的利他行为。"

尽管使用了道德术语，但我们并不想将这些行为贴上"道德"标签。即使黏菌确实表现出了利他行为，我们也不会称其为道德上的利他，因为黏菌不符合我们的最低要求。可以推测，黏菌没有丰富的情感生活，也没有解读意图或预测未来等认知技能。然而，在谱系的另一端，我们的道德动物参与的社会关系微妙而复杂，需要情感和认知的复杂性，以及行为的灵活性。在我们所定义的道德动物里,我们期望看到,利他和合作是它们的社会性基石。我们还期望看到,它们有高水平的情感和认知的复杂性和灵活性。合作或利他行为所体现出的复杂性和行为可塑性程度越高,就越"高级",也越有可能是道德行为。

我们的主张是,道德动物是那些能够进行复杂的合作行为的动物,而不仅仅是亲缘选择的利他或互利共生这样的简单合作形式。这与我们在第一章里提出的入门要求是一致的:动物所在的社会组织具有一定的复杂程度,拥有已确立的行为规范,这些规范附加了关于是非的强烈情感和认知线索;该动物具有一定程度的神经复杂性——这是道德情感的基础,也是基于过去的知觉与未来的预测来进行决策的基础;相对高级的认知能力(例如,良好的记忆力)以及较高水平的行为灵活性。候选的道德动物包括:倭黑猩猩、黑猩猩、大象、狼、鬣狗、海豚、鲸和大鼠。

关于动物是否具有互惠利他行为,以及哪种动物具有互惠利他行为的争论当然很重要。但互惠利他只是合作行为的一种类型,其他形式的合作,也可能涉及复杂程度相当但不尽相同的心智和情感能力。因此,即使我们断言,只有黑猩猩才能实现互惠利他,但就野兽正义而言,这并不是故事的结尾。其他合作和利他行为可能也同样微妙。

为了对动物道德有一个完整的了解,我们需要继续阅读接下来两章的内容。理论框架中的道德行为簇是紧密相连的：道德动物有能力做到所有行为，因此，着眼全局很重要。在下一章，我们将看到，至少有某些利他行为来自于动物的共情能力。例如，大象会对彼此表现出善意，比如为受伤或生病的同伴提供帮助。我们还将在后面看到，像互惠利他这种复杂的合作形式，与公平能力密切相关。

第四章

共情

水槽里的小鼠

印第安纳州郊狼援救中心的主任赛安·兰伯特(CeAnn Lambert),在她车库的水槽中目睹了一次小小的英雄主义行为。有两只小鼠幼崽整晚困在水槽中,由于水槽光滑的内壁而始终无法脱困。它们精疲力尽又胆颤心惊。兰伯特将一个小盖子接满水,放在水槽里,其中的一只小鼠跳到盖子旁喝了水,而另一只——或许是太累了——仍蜷缩在原地不动。那只更顽强的小鼠随后找到了一块食物,它捡起食物,将它带到另一只小鼠那儿。每当那只虚弱的小鼠试图啃食时,另一只小鼠就将食物往盖子的方向移动一点,一直到虚弱的小鼠能够喝到水为止。兰伯特用一块木头搭建了坡道,恢复活力的小鼠没过多久就爬出了水槽。

恰如上一章所讲的两条狗和肉骨头的故事,一些动物会"善待"同类,这样的故事引人深思。水槽里发生的事情究竟意味着什么?莫非那只小鼠真的明白,它的同类正身陷麻烦,并且施以援手？这个小小的生物是否展现出某种共情能力？你或许将这类故事看作过度兴奋的想象的产物，毕竟，我们不应该带着过多的意图和情感去解读动物的行为。然而，也有可能是我们对观察到的东西解读得太少。也许，小鼠的确有能力为另一只陷入困境的小鼠感到难过，并提供帮助。我们已无法对那两只水槽里的小鼠进行研究，兰伯特的描述也暗示着，共情、意向性和理解力在啮齿动物身上似乎不太可能。不过，将来的研究结果可能会出人意料。

事实上，除了数不清的轶事，还有越来越多的科学证据表明：动物，甚至是啮齿动物，也有共情能力。2006年6月，研究人员在《科学》(Science)杂志上发表了第一份明确的证据，指出成年非灵长类哺乳动物之间能产生共情：麦吉尔大学的戴尔·兰福德(Dale Langford)和她的同事证明，当小鼠看到笼内的同伴遭受痛苦时，它们也会感到痛苦。兰福德和她的团队，给一对成年小鼠中的一只或两只注射醋酸，这种醋酸会引起强烈的烧灼感。他们发现，比起自己感到的疼痛，小鼠会对同伴痛苦的表现更加敏感。此外，一只被注射了醋酸的小鼠，如果它的伙伴也被注射了醋酸并且痛得打滚，这只小鼠就会扭动得更剧烈。那些目睹过同伴痛苦模样的小鼠，不仅变得对这种刺激更加敏感，而且对疼痛本身也变得更加敏感，从而表现出更强烈的反应，例如，当对其脚爪下方进行加热时。研究人员推测，小鼠可能在视觉线索的作用下催生共情反应，这一点是有趣的,因为小鼠通常最依赖嗅觉进行交流。虽然,兰福德的研究远不能确证水槽里小鼠的故事,但它挑战了一些关于小鼠和道德的基本假设。

其他研究人员很快注意到了这些意外发现的重要性。弗朗斯·德瓦尔曾这样评价兰福德的研究:"这是一个意义非凡的发现,应该让那些认为共情仅限于人类的人大开眼界。"[1]这些证据表明,共情是一种古老的能力,或许所有的哺乳动物都能够共情。雅克·潘克塞普指出:"如果最终证明,小鼠的'共情'与人类的共情,都是由相同的大脑机制实现的,那么,这将成为真正令人信服的证据——兰福德的模型实际上反映了,涵盖许多不同哺乳动物的亲社会机制的进化连续性。"[2]

许多人都相信人性本善,并且,这一信念在日常生活,以及看似随意的善举中不断加深;通常,善行的受惠者不仅有家人和朋友,也包括陌生人。我们也愿意相信,人类共情和善良的倾向,比起残忍和卑鄙的倾向要更为强烈。那么,我们是否也能包容这样一种观点,即在动物社会中,也可能有同样的善良和同情的倾向?有确凿的证据表明,许多动物都具有共情能力,并且,至少对某些动物来说,共情起到了调节社会生活的基本作用。除了无数的趣闻轶事外,动物行为学和神经科学,也用经验证据证实了那些我们已经知道的事情:动物能够共情,对于同类的感受和行为,能够表现出强烈的、持续的关爱和情感联系。

作为动物行为的长期研究者,德瓦尔和潘克塞普对小鼠展现出的共情似乎并不意外。他们虽然未曾公开声明,但却隐约表达了一个更为惊人的可能性:如果动物与人类共享共情能力,那么,动物也就具备人类社会中道德的基石。对于人类来说,正是通过理解他人的感受,我们变得富有同情心,避免造成痛苦与折磨,并采取行动来改善周围人的福祉。

什么是共情?情感的词汇

共情是一种感知和感受他人情感的能力。因此,共情的行为簇包括了同情、怜悯、关心、帮助、悲伤和安慰。英语单词empathy初创于20世纪初(词根源于希腊语,em表示"投入",pathos指"感觉"),用于对应德语的Einfühlung,其本意正如字面所表达的那样,即"深入体会"。共情最初应用于艺术语境,指一个人在精神上认同,并因此能够完全理解一个沉思的对象,比如一幅画或一段音乐。然而,共情不久就进入了心理学词典,并成为(现在仍然是)一个既有趣又富有争议的概念。在心理学语境里,共情指观察并理解他人情感,表现出敏感,以及提供帮助的能力。至于共情何时出现在有关动物研究的文献中,有些难以追溯。它似乎在20世纪60年代或70年代的某个时候出现过,但直到最近,才成为专题研究和讨论的对象。

共情会让人感到困惑，因为其含义经常在各个学科间切换，尽管如此，却很少有人探究该如何使用这个词。例如，哲学家常在与进化生物学家不同的意义上，使用诸如共情和利他这样的词。哲学家表达的主要是同情，而生物学家描述的则是共情（尽管达尔文使用了同情这个词）。在区分同情和共情时，也有许多困扰，尤其是涉及跨领域研究的时候。在这里，我们把同情定义为"对……的感受"，将共情定义为"与……一起感受"。它们的区别是，当你同情某人时，并不一定要有和他们同样的情感；共情则不一样，你对某人有共情的时候，你确实分享同样的情感。

最后，在生物学、动物行为学、人类心理学、神经科学和其他相关领域，确定含义相同的术语会大有裨益；这为我们理解情感和社会行为的进化连续性提供了帮助。在动物行为学中，大部分研究都专注于共情，只有少量关于动物同情的研究。因此，我们也将主要关注对共情的研究。我们希望，未来的研究能够帮助阐明，动物的共情和同情之间的区别，并对这两者以及其他相关的现象，展开进一步探索。

共情——从简单到复杂

迄今为止，在对动物的共情进行定义和阐明的研究中，斯蒂芬妮·普雷斯顿(Stephanie Preston)和弗朗斯·德瓦尔的工作[3]，是最仔细也最成功的尝试。他们将共情的行为定义为，个体通过"状态共享机制"(shared-state mechanism)来感知或理解另一个体的情感状态。**状态共享**意味着，共情据其定义就是一种主体间性的经验。共情的本质是情感的联系。普雷斯顿和德瓦尔解释道："个体的情绪状态，可能诱发周围个体的类似状态。在脊索动物的进化史中，这种情感的联结以原始的形式展现，表现为警告和间接感受到刺激。在进化和个体发育的过程中，认知和情感能力的增强会强化这一基本联结，从而使得个体能够在没有刺激释放的情况下，对距离较远的个体产生共情，并且，不会被个人的痛苦压倒。"

普雷斯顿和德瓦尔认为，共情不是一种单一的行为，而是跨物种的一整套行为模式，并且，共情能表现出不同程度的复杂性。这套行为模式有嵌套的结构，其中，内核是其他层级的必要基础。共情的内核，包含一些相对简单的形式，比如身体模仿和情绪感染，这在很大程度上是自动的生理反应。下一层则由更复杂的行为构成，例如情感共鸣和有针对性的帮助。更为复杂的是认知共情，也即这样一种能力——感受另一个体的情感并能够理解其中的原因。最后也是最复杂的，是归因的能力。通过这种能力，个体可以凭想象完整地采取他者的视角。

诚然，进化并不是指抛弃一种适应性，然后用另一种取而代之。相反,是在进化的过程中,改变现存的结构和能力,而这些变化,往往反映了个体所面临的社会和环境的情况。复杂些的共情形式,如认知共情,是从情绪感染演变而来的,而情绪感染可能是从个体的情感联结,特别是母婴之间的情感联结演变而来的。所有的共情行为,从简单到复杂,可能有许多相近的机制。

共情作为嵌套式的概念,反映了哺乳动物进化过程的一个更为普遍的方面。保罗·麦克莱恩(Paul MacLean)推测,哺乳动物的大脑,实际上由三个"大脑"组成(他称之为三位一体的大脑),每一个连续的层级都在前一层的基础上形成。尽管三个层级内在地相互联系、相互作用,但每一层都有自己的功能。原始大脑,麦克莱恩称之为爬虫型或R复合物,负责物理层面的生存任务,控制呼吸、心跳以及生成战斗或逃跑反应。边缘系统,或叫史前哺乳动物大脑,负责控制情感。新皮质,即大脑最外层的部分,则负责更高级的认知功能,如语言和抽象思维。这三层在功能上相互独立,但也以某种还不太清楚的复杂方式,相互联系、相互依存。因此,虽然情绪感染从某些方面看,更简单、更原始,可能起源于大脑的"老旧"部分,但它很可能与更复杂的认知形式的共情紧密相连。在某种程度上,高级认知形式的共情可能受到更原始的、自发的冲动的影响。

一些科学家否认动物能够共情。然而,他们之所以得出这一结论,通常是因为,他们狭隘地将共情定义为理解他人观点的能力。这种通过想象进行归因的能力,可能只有人类具备。然而,这种能力只是众多同类型的行为中的一小部分,其中的许多行为,肯定广泛存在于哺乳动物中。德瓦尔和普雷斯顿认为,现在就断言动物缺乏复杂的认知共情还为时尚早,毕竟,我们对动物共情的了解还太少。或许,在诸如猿类灵长类动物、大象、群居性食肉动物和鲸类动物中,能够找到认知共情能力。

共情的适应性

情绪感染是由个体对另一个体的情绪状态的感知所直接导致的情感状态。在一个拥挤的电影院中,如果有人喊道,"着火啦!"恐慌的情绪会立即传染开来。或许并没有人看到火光或闻到烟味,但是,害怕和恐慌的情绪却是显而易见的,这足以促使人们采取行动。在社会动荡时期,暴民之所以危险,正是因为激情和愤怒可以如此迅速地在人群中传递,以至于一个看似微小或孤立的挑衅,都能引发大规模的暴乱。对于人类来说,情感的暗示能够对塑造社会行为产生巨大作用。我们对周围人的肢体语言、面部表情和语音语调都非常敏感,并会无意识地模仿和同步这些外在的情感表达。有人打呵欠时，我们也很可能会打哈欠，甚至在注意到这点之前，就已经这样做了。如果与我们交谈的人双手交叉放在胸前，我们也可能会这样做。

其他社会性动物的情感，也有类似的联系，并且，在它们的社交网络里，常以同伴的情感状态作为行动线索。在公园里，当一只狗发现了一只新来的狗并开始吠叫时，其他的狗就会跟着狂吠。直到所有的狗都齐声吠叫之后，它们才会环顾四周，看看自己到底在叫什么。

另一个有趣的案例，是后院的小鸟。如果一只鸟受惊飞走，其他鸟就会跟着飞走，而不会停下来评估威胁是否真实存在，它们已经被惊恐的情绪感染了。在一个长期研究项目中，马克和他的学生对黄昏锡嘴雀——一种高度社会化的燕雀科动物——防范捕食者的扫描观察模式进行研究。他们发现，在扫描观察过程中，处于圆圈中的鸟，其行为要比排成一排进食的鸟更协调。当这些鸟排成一排时，就只能看到身旁的邻居，因此，不仅扫描时不太协调，表现得也更紧张。它们改变身体和头部位置的次数，明显超过了围成圈的鸟。围成圈的鸟，则能看到其他所有鸟。马克猜想，排成排的鸟更害怕，是因为它们不知道同伴在做什么。对于排成排的鸟来说，在两侧最近的同伴之外，情绪传染不可能发生。

对群居动物来说，对群体内其他成员的情感状态敏感，有明显的益处。例如，情绪传染或许有助于在受到威胁的时候采取防御。如果一只草原土拨鼠发出警告,群体内的所有成员就会立即采取逃避行动。同样的道理也适用于鸟类:如果你把一只喂食器旁的鸟吓走,其他的鸟——就算不是全部,也是大多数——就会散开。而且,不仅所有的麻雀都会飞走,知更鸟、白头翁和其他雀类也可能会飞走。这表明,情绪传染或许也在物种之间起作用。总的来说,这种行为分摊了保持警惕的成本,让个体能够有更多的时间去觅食、交配或照顾幼崽。

人们通常认为,恐惧和惊慌的情绪会传染,就像一只雁受到惊吓时,一群雁也会突然飞起来。不过,快乐、兴奋、好奇以及强烈的兴趣,也可以迅速传染。社交游戏往往具有感染力,宛如传染病一般。比如,当一只狗看到其他狗玩耍时,它经常会自发地加入这场混战。狗也会发出玩耍式喘息或"笑声",将玩耍的情绪传递给听到这种声音的其他狗。在一项关于猩猩情绪传染的研究中,玛丽娜·达维拉·罗斯(Marina Davila Ross)和她的同事们研究了25只从2岁到12岁的猩猩的玩耍行为。他们发现,当其中某只猩猩张大嘴巴时——这相当于人类的笑——它的玩伴通常会在不到半秒钟后,就不自觉地表现出同样的表情。罗杰·海菲尔德(Roger Highfield)在英国的《每日电讯报》(*Telegraph*)中写道,面部模仿是情绪传染的基石,鉴于人类在1200万至1600万年前与猩猩拥有共同的祖先,面部模仿比人类的出现还早了数百万年。[4]根据这些线索,在宾厄姆顿纽约州立大学工作的马修·热尔韦(Matthew Gervais)和戴维·斯隆·威尔逊认为,人类的笑声可能在"玩耍的情绪感染"中也很重要。

个体之间的情感联结,可以导致各种形式的共情反应。在这种反应中,观察者感知到另一个体的情感状态,并对这种情感状态"感到难过"。共情可能会保持一种感觉状态(我为你的痛苦感到心痛),但它也可能会激发一些行动,比如试图缓解痛苦的来源,或提供安慰。因此,共情可能是某些利他和合作行为的重要组成部分。具体来说,它可能促进复杂的合作互动,如互惠的利他行为;也可能在建立信任中发挥作用,因为信任涉及评估互动伙伴的意图和情感。当然,读取和理解意图的能力也有助于操纵和欺骗,而拥有想象自己的行为如何影响他人的能力,可能会导致极端形式的残忍。

共情的代价

进化是代价和收益相互平衡的过程,并以个体的成功繁殖为最终目的。乍看之下,共情似乎是一种双赢的行为,尤其是当共情反应只涉及情感反应,而不涉及特别的帮助反应时。然而,共情在很多方面都需要付出代价。在共情的研究文献中,这些方面的探究还不够深入,但在未来,研究或许会沿着以下进路展开。

研究员让·戴西迪和菲利普·杰克逊（Philip Jackson）注意到了扩张自我的代价。一个与他人联结的自我，也会分享他人的情感经历。看到有人处于痛苦之中时，我们也会感到痛苦或者焦虑；看到有人感到恐惧，我们也会恐惧。痛苦、焦虑以及恐惧，没有一个是"无偿"的，它们都需要调动认知和新陈代谢机能，分散人们在重要任务上的注意力和精力。恐惧、惊慌和痛苦使大脑释放皮质醇，即"压力激素"。释放的皮质醇又在体内引发一连串的生理反应：血压上升，停止消化，脉搏变快。如果体内的皮质醇过多，还会导致认知功能受损、免疫力下降和其他高昂的代价。这就是为什么不恰当或多余的共情可能会导致不适。太多的好事可能会变成坏事。

共情那高昂的代价，不仅针对共情者，也针对共情的反应对象。人类和动物都可能从隐藏情感中受益，比如，隐藏发现大量美味食物时的兴奋，或者在争夺统治地位时的恐惧。周围的人越善于解读我们的面部表情、语调、肢体语言和嗅觉信息，我们就越不善于成功掩饰自己的意图和感受。共情能力在动物社会中，开创了一定程度的透明度和主体间性，这使得诚实的交流成为规范。它可能解释了这一现象，相比诚实而言，为何识别欺骗需要更多的认知努力。

共情的面部生态学:狼、狗和狐狸

动物行为学家迈克尔·W. 福克斯(Michael W. Fox)对狼、郊狼和赤狐的面部表情进行了研究,这一研究揭示了情感联结、情绪传染和共情的物种差异。面部表情很可能成为社会复杂性(我们则认为是道德)的一个不错的指标:面部表情越丰富,也就可能交流更多、更微妙的社会信息。狼是高度群居的食肉动物,更甚于郊狼和赤狐,狼也比郊狼和赤狐有更复杂的面部表情。根据我们的道德分类,相比郊狼或赤狐,狼可能有更高级的道德能力和微妙的共情能力,能够对社会规则的微小变化,进行沟通和做出反应。

所谓"共情的面部生态"的讨论,也与人类行为的同步性有关,这涉及如何感知他人的情感状态。共情并不是由认知或由有意识的心智评估过程来进行调节的,它是"纯粹"互动性的。我们读取了他人的表情,并且通过这种方式,对他们正在经历的情感状态获得相当准确的理解。

我们究竟知道什么?

研究动物共情的科学还非常年轻,动物行为学家对动物共情能力的探索,还处在早期阶段。事实上,一些科学家对动物共情仍然持怀疑态度。尽管如此,在大象、几种鲸类动物(尤其是宽吻海豚和齿鲸)、大鼠和小鼠、群居性食肉动物和灵长类动物中,仍有一些极具启发性的叙述和经验证据。这些证据表明,共情在许多物种都有分布。毫无疑问,在这一领域的持续研究,将在广泛的社会性哺乳动物中,揭示出共情的丰富性和深度。

与其他行为簇一样,共情的证据来自于许多不同研究方向的汇集,尤其是心理学和神经科学。还有一些最有趣的关于共情的谜题,来自人类学研究。当我们研究人类行为时,特别是当我们坚持进化连续性这一点时,关于动物的新想法就会浮现。有时,动物的共情是不经意的。举个例子,心理学家卡罗琳·扎恩-韦克斯勒(Carolyn Zahn-Waxler)就儿童面对家庭成员痛苦时的反应进行了研究。她对数个家庭进行了观察,结果发现,家养宠物的行为和孩子的行为一样有趣。当某个家庭成员假装悲伤或痛苦时——当他或她,假装哭泣或窒息时——家里的狗通常会比孩子展现出更多的关心,它们或在主人附近徘徊,或轻抚主人,又或轻轻地把它们的头放在"痛苦"的人的膝盖上。

我们希望,通过研究动物的共情,能够更好地理解人类行为。正如接下来所要讨论的,猴子镜像神经元的发现,促进了对人类共情更深的理解(也为理解孤独症谱系障碍打开了一扇新的窗口)。我们对共情的神经科学很感兴趣,这将有助于阐明其中的认知和情感机制。

早期的线索:一点历史

查尔斯·达尔文认为,人类道德是社会本能的延伸。因而,人类道德与其他动物的类似社会行为具有连续性。他特别关注同情的能力,并且相信大量的动物都拥有这一能力。达尔文讲述了许多故事,包括以下这段关于鸟的故事:"斯坦伯上校在犹他州盐湖城,发现了一只年老且失明的鹈鹕,这只鹈鹕很肥,一定被它的同类喂食了很长一段时间。布莱思先生告诉我,他曾看到印第安乌鸦喂食两三只失明的同伴;我也听说过一个关于家养公鸡的类似案例。"[5]达尔文认为,同情是其他社会本能的重要组成部分,甚至是基石。他总结道:"任何动物,只要被赋予明显的社会本能(包括抚育后代和孝敬父母),一旦其智力得到和人类一样或几乎一样的发展,就必然会获得一种道德意义上的良心。"[6]

达尔文强调,人类和其他动物的差异——在所有领域,包括道德情感——都只是程度上的差异,而非种类上的差异。事实证明,达尔文关于情感的重要性、同情的作用,以及人类和其他社会性动物之间进化连续性的观点,都相当正确。然而,他的大部分思想却被搁置了一个多世纪。

更多关于啮齿动物共情的研究——目击效应

1959年，早在兰福德发现共情的小鼠之前，布朗大学的研究员罗素·丘奇（Russell Church），就在《比较与生理心理学杂志》（*Journal of Comparative and Physiological Psychology*）上发表的一篇论文中写道："大鼠对他者的痛苦有情感反应。"丘奇做了这样一个实验，训练大鼠按压杠杆，以获得食物奖励。接着，他在笼子边上，又设置了一个类似刑讯室的笼子——这个笼子的底部是一个电网，大鼠娇嫩的粉色爪子就踩在上面。当一只大鼠在第一个笼子里按压获得食物的杠杆时，一股电流就会通过相邻笼子里的栅极，使刑讯室笼子里的大鼠受到电击。丘奇发现，如果大鼠看到它的同类遭受电击，那么，这只大鼠就不会按压杠杆。尽管丘奇本人并没有把这种反应解释为共情，但现在看来，这似乎是最简洁的解释。

1962年，另一项由乔治·赖斯（George Rice）和普丽西拉·盖纳（Priscilla Gainer）进行的名为"大白鼠的'利他行为'"的研究表明，大鼠会帮助其他处于困境中的大鼠。当一只大鼠被吊带悬挂在空中时，旁边的一只大鼠会按下控制杆，使其降落下来。悬挂着的大鼠，通常会痛苦地吱吱叫并扭动身体。显然，当同伴表现出痛苦的迹象时，大鼠会感到不舒服，并通过按压控制杆来减轻痛苦。共情可能激发"利他"的反应。尽管此后很少有研究关注啮齿动物的共情，但兰福德关于小鼠共情的惊人发现,可能会重新激发人们对这类动物的兴趣。

值得一提的是,有一个研究"目击效应"现象的相关领域。乔纳森·巴尔科姆、尼尔·巴纳德(Neal Barnard)和查德·桑杜斯基(Chad Sandusky)总结了大量的研究,这些研究表明,大鼠和小鼠与被斩首的同类共处一室时,有明显的应激反应。当观看其他大鼠斩首时,以及将沾有被斩首大鼠血液的已经干掉的纸巾放置在大鼠笼子的顶端时,大鼠的心率和血压都会增加(这两者都是应激反应)。在小鼠、猴子,当然还有人类身上,都有过目击效应的记录。在对兰福德的小鼠共情研究的评论中,如巴尔科姆指出的那样,目击效应显然来自于共情能力,这为大鼠和小鼠有共情能力的证据提供了额外支持。

动物共情的研究往往极其残忍,而且,非常具有讽刺意味的是,当进化生物学的典范——进化连续性——表明它们能够共情时,我们却为了测试它们能否共情而对其施加痛苦。同样具有讽刺意味的是,研究中最常用的动物是大鼠和小鼠。这大概是因为,人们总假设它们的"内心活动"比灵长类动物要少,然而结果却表明,它们的内心世界比研究人员所想象的要丰富得多。虽然非侵入性的动物行为学研究可以提供动物共情的证据,但侵入性的实验室研究很可能还会继续。对大鼠和小鼠进行共情研究的结果提醒我们:在利用动物进行研究的时候——不仅是共情研究,而是所有大鼠和小鼠会遭受痛苦的研究,特别是在他者在场时遭受痛苦的研究——我们要更人道、更温和。毕竟，经历了一定压力水平的实验动物，会损害实验数据的可靠性，这是亚利桑那大学的生理学家安·鲍德温（Ann Baldwin）和马克的观点。

灵长类的共情

现在，让我们看看那些"内心丰富"的"更高级"的动物。2007年，在伊利诺伊州的芝加哥举行了"黑猩猩的心灵"会议，一只名叫纳克尔兹的黑猩猩引发了人们的热议。纳克尔兹是已知的唯一一只患有脑瘫的圈养黑猩猩，它在身体和智力上都有障碍，无法在黑猩猩群体中正常生活。事情之所以令人惊讶，不仅因为纳克尔兹自己设法战胜了一种衰竭性疾病，还因为它所处的黑猩猩群体对它的特殊对待。显然，黑猩猩群体明白纳克尔兹与一般黑猩猩不同，并为此调整了它们的行为。虽然年轻的雄性通常会被年长的雄性恐吓，但纳克尔兹很少受到这样的对待；即使是雄性领袖，也会包容纳克尔兹并温柔地为他理毛。纳克尔兹的朋友们能够共情，因而善待纳克尔兹。

纳克尔兹的故事并非大猩猩共情的孤例。在一次采访中，人类学家芭芭拉·J. 金（Barbara J. King）讲述了蒂娜（Tina）和泰山（Tarzan）的故事。[7]

一只名叫蒂娜的雌性黑猩猩被豹子咬断了脖子。此前,它在一个黑猩猩社群里生活了很长一段时间。在它死后,这群黑猩猩并没有去拉扯它的尸体,或直接忽略它。相反,黑猩猩首领在它的尸体旁整整坐了5个小时。它为了保护尸体不受破坏,不让其他的黑猩猩幼崽靠近,唯有一个例外,那就是蒂娜的弟弟,一只名为泰山的5岁大的猩猩。它是唯一获允靠近的黑猩猩幼崽。泰山坐在姐姐身边,拉着它的手,抚摸着它的尸体。我认为,这不仅仅是一个随机事件,黑猩猩首领能够认识到蒂娜和泰山之间的亲情纽带,并且表现出了共情。

任何研究过黑猩猩的人都知道,它们是能够共情的动物,因此,纳克尔兹以及蒂娜和泰山的故事并不令人惊讶。实际上,关于动物共情最有力的研究,就来自于灵长类动物的文献。在所有群居哺乳动物中,灵长类动物可能拥有最发达的共情能力。不过,也可能仅仅是因为大量的灵长类研究,产生了相应数量的关于共情的数据;如果我们对其他物种研究得更仔细些,也许就会发现更多。无论如何,对灵长类动物的研究富于启发,并且,也逐渐揭示出动物共情行为的许多细微差异。

20世纪60年代进行的灵长类研究颇具启发性,尽管在那个时代,很少有科学家愿意将任何非人类行为贴上共情的标签。斯坦利·韦奇金(Stanley Wechkin)、朱尔斯·马瑟曼(Jules Masserman)和威廉·特里斯(William Terris)在1964年发表的一项经典研究表明,如果一只饥饿的恒河猴的进食行为会导致另一只猴子遭受电击,那么它就不会进食。如果拉动那条传送食物的链条会让同伴感到疼痛,猴子就会拒绝拉动。其中,有一只猴子坚持拒绝拉链条整整12天,因为自己挨饿似乎就能够避免给另一只猴子造成痛苦。

大约同一时期,威斯康辛大学的心理学家哈利·哈洛(Harry Harlow)开始了他著名的铁丝猴实验。尽管哈洛对人类更感兴趣,但他关于猴子母爱的争议性研究也揭示了灵长类动物的社会依恋过程——这一过程被认为是形成共情行为基础的神经连接的过程。哈洛通过研究从母亲身边被带走的恒河猴宝宝,证明它对爱的渴望比对食物的渴望更强烈。当要求在有食物的冰冷的铁丝猴和没有食物的柔软的绒布猴之间做出选择时,恒河猴宝宝紧紧抓住了柔软却没有食物的绒布猴。结合其他研究,哈洛得出结论:没有与同伴进行社会性接触,以及没有在真正的母亲陪伴下长大的小猴子,在长大后会缺乏社交能力。若没有恰当地触发成长的条件,就会阻碍社交智力和道德智力的发展。哈洛的研究引导了之后对依恋的研究,以及对婴儿、儿童的早期养育与共情能力的发展之间的重要联系的研究。

在另一项由哈尔·马科维茨于1977年进行的研究中,研究人员训练狄安娜长尾猴,将塑料币投入币口以获取食物。他们观察到,一只雄性猴子会帮助没有学会这一技能的最老的雌性猴子:三次帮助它捡起掉落的塑料币投入机器,并任其拿走食物。雄性猴子的行为,并不会为自己带来任何好处,也看不出任何隐藏的目的。

虽然早期的很多研究主要针对猴子,但现在已有大量的研究将范围扩大至灵长类。对猴子和类人猿的共情能力的比较,也揭示了两者重要的差异,并证实了共情存在于各种行为倾向中的假设,表明不同物种在这些能力的发展程度上,会有很大的差异。例如,弗朗斯·德瓦尔认为,类人猿(黑猩猩、倭黑猩猩和人类)的共情能力相比猴子而言,在认知上更复杂也更发达。他举了这么一个例子:安慰行为——一只动物(旁观者)安慰另一只争斗后的动物——是认知共情的表现。安慰行为在类人猿身上得到了证实,而猴子则缺乏这种行为。奥莱思·弗拉泽(Orlaith Fraser)、丹尼尔·斯塔尔(Daniel Stahl)和菲利波·奥雷利表明,在圈养的黑猩猩中,安慰可以减轻受攻击者的压力(如自我抓挠和自我梳理这种压力行为的指标会减少),而且,当和解没有发生时,安慰可以替代和解。

共情的神经基础：镜像神经元和梭形细胞

行为方面的数据毫无疑问地表明，动物表现出了共情；此外，神经生物学中研究共情的数据，也能有所帮助。十多年前，科学家们在猴子身上发现了镜像神经元，并在如何理解大脑和行为的联系（包括共情行为）这一议题上，引发了革命。当一个动物执行某个动作，并且观察到他者也在执行同样的动作时，镜像神经元就会激活。尽管对镜像神经元的研究还不太成熟，有一个受到欢迎的假说指出，镜像神经元与其他东西一起，在共情中发挥了功能性的作用，它们似乎构成了共情的门槛。针对人类的研究表明，如果人处于观察和模仿社会情感的过程中，特别是通过视觉线索（如面部表情）解读这类情感时，镜像神经元或其功能等价物就会被激活。看到别人打哈欠时也打哈欠，看到别人用锤子砸到手指时不自觉地后退，这些行为都由镜像神经元所激发。对于人类来说，镜像神经元系统能够模仿行为，并解读意图和情感。我们在自己的大脑中，为别人的行为或与行为相关的情感，创建了一个神经模板。

镜像神经元很可能是一部分动物物种情绪传染的神经基本结构单位，虽然哪些物种实际拥有镜像神经元（或有相似功能的神经元）仍有待探索。尽管已有研究将镜像神经元与人类的共情联系在一起，但仍有许多未解之谜。特别是，动物的镜像神经元与共情是否也有关联,以及有关联的是哪些物种,这些都还不确定。即使如此,我们仍然有充分的理由相信,其他动物的大脑也有类似的工作机制。例如,德里克·莱昂斯(Derek Lyons)、劳里·桑托斯(Laurie Santos)和弗兰克·凯尔(Frank Keil)认为,非人灵长类动物对他者的精神状态敏感,以及灵长类动物在推断其他行为者的意图时,镜像神经元会发挥作用。

除了镜像神经元,梭形细胞似乎也在共情中起着至关重要的作用。梭形细胞也被称为 von Economo 神经元,(至少在人类中)它是一种位于前额皮质的神经细胞,负责处理社会性情感,并在社会依恋中发挥重要作用。梭形细胞并非像以往认为的那样为人类所独有。除猴子以外,在黑猩猩、倭黑猩猩、猩猩和大猩猩身上都发现了梭形细胞。这也能够支持普雷斯顿和德瓦尔的论点,即猴子的共情与类人猿相比,没那么复杂微妙。此外,同镜像神经元一样,梭形细胞可能与人类的孤独症障碍有关。在孤独症患者的大脑中,梭形细胞似乎处在不正常的位置,这就可能导致社会行为方面的缺陷,包括低水平的共情能力。

让科学家惊喜的是,最近在一些齿鲸类动物中也发现了梭形细胞,包括座头鲸、虎鲸和抹香鲸。梭形细胞出现在鲸鱼体内的时间,至少是人类的两倍,而且数量上也比人类更多。鲸体内梭形细胞的发现是激动人心的,因为这表明,我们可能在比以往认为的更广泛的物种中发现共情。

表面之下：鲸的共情

鲸体内梭形细胞的发现，为海洋哺乳动物，尤其是鲸类动物的共情作用的研究，增添了新的文献。鲸类动物包括鲸鱼、海豚和鼠海豚，约有90种。它们被认为是地球上最聪明的动物群体之一，也最具社会敏感性。

海洋生物学家知晓很多关于鲸类动物表现出共情的轶事。研究齿鲸的专家马克·西蒙兹(Mark Simmonds)曾描述过这样一段故事：一群伪虎鲸与一头受伤的同伴待在一起整整三天，那里的水很浅，不仅容易被晒伤，还面临着搁浅的危险；鲸群一直陪伴着受伤的鲸，直到它最终死去。西蒙兹还讲述了另一个故事，两只雄性虎鲸似乎在为它们母亲的死亡而悲伤。在它们的母亲死后，这两只雄性虎鲸离开了鲸群，它们一起沿着母亲生命最后几天的活动路线游动。目睹这一事件的鲸类研究员内奥米·罗斯(Naomi Rose)认为，这是悲伤的表现。同样的，虎鲸也会为失去的幼崽哀悼。此外，还有很多关于海豚对其他海豚表现出共情的轶事。鲸类动物专家凯瑟琳·杜津斯基(Kathleen Dudzinski)和托尼·弗罗霍夫(Toni Frohoff)也指出，对鲸类动物的研究表明，它们具有突出的共情能力。

大象的共情

现在,让我们回到陆地,看看大象极强的共情能力。大象以温柔对待同类和紧密的社会关系而闻名。大象对生病的和垂死的同伴表现出共情的故事,数不胜数,这些故事既有和亲缘相关的,也有非亲缘的。

乔伊丝·普尔研究非洲象已有几十年,她讲述了一头年轻母象的故事,这头母象有一条无法负重的萎缩的腿。当一头陌生的年轻公象开始攻击这头受伤的小母象时,一头高大的成年母象赶走了公象,然后回到小母象身边,用象鼻轻抚它受伤的腿。普尔认为,这头成年母象表现出了共情。

在其他一些有关共情的故事中,受伤的大象也出现过。比如,马克和大象研究专家伊恩·道格拉斯−汉密尔顿(Ian Douglas-Hamilton)在野外观察到受伤的大象巴比尔(Babyl)。[8]因为受伤的后腿,巴比尔走得非常慢。在过去十年半的时间里,象群中的其他大象总会等着它,并给它喂食。若非如此,巴比尔很容易成为狮子的盘中餐。另一个故事和一头森林大象有关,它因捕兽器的缘故而失去了鼻子。这头受伤的大象学会了如何喝水,如何吃河岸的芦苇——在没有鼻子的情况下,这些是它唯一能获取的食物。为了帮助它活下去,象群成员改变了自己的进食习惯,将芦苇带给它。如今,据报道称,这个象群的所有大象都吃河岸的芦苇。

伊恩·道格拉斯-汉密尔顿研究大象已经40多年,他观察到大量大象共情的实例。在一篇文章中,他描述了美德之家的格雷斯(Grace),如何照顾第一夫人之家的雌性首领埃莉诺(Eleanor)。埃莉诺病了,站不稳;当它摔倒时,格雷斯用躯干

图4 美德之家的格雷斯用它的躯干和脚安抚第一夫人之家的埃莉诺,然后帮助埃莉诺站起来。承蒙希瓦妮·巴拉(Shivani Bhalla)允许,照片来自伊恩·道格拉斯-汉密尔顿、巴拉、G. 维特米尔(G. Wittemyer)和F. 沃尔拉特(F. Vollrath)的《大象对垂死的雌性首领及其死后的行为反应》一文,载于《应用动物行为科学》(*Applied Animal Behaviour Science*)100(2006):87—102

和脚轻轻地安抚埃莉诺,并帮助它站起来。道格拉斯-汉密尔顿在他的野外观察报告中这样写道:"格雷斯试图推动埃莉诺行走,但埃莉诺却再次摔倒……格雷斯似乎有很大的压力,它一边大声喊叫,一边用象牙继续推埃莉诺……格雷斯陪着埃莉诺至少一个小时,直到夜幕降临。"埃莉诺死后,许多大象都来拜访这具尸体,有些大象碰了碰它,有些则是在死去的雌性

图5 夏威夷群岛之家的毛伊走向埃莉诺的尸体,并试图推动它。承蒙希瓦妮·巴拉允许,照片来自道格拉斯-汉密尔顿、巴拉、维特米尔和沃尔拉特的《大象对垂死的雌性首领及其死后的行为反应》一文,载于《应用动物行为科学》100(2006):87—102

首领附近站了一会儿。一只名叫毛伊(Maui)的母象"伸出鼻子,闻了闻尸体,又用鼻子碰了碰,然后轻轻触碰埃莉诺的鼻子。它的右脚悬停在尸体上方,用其轻推尸体,然后跨过去,试图用左脚翻动尸体,最后,站在尸体旁边来回摇晃"。

大象会公开哀悼它们的死者。《星期日泰晤士报》(The Sunday Times)上曾有这样一个故事:一头小象被一头雌狮猎杀,在这之后的一整天里,象群中的大象都聚集在小象的残骸周围;许多大象都用鼻子触碰了尸体。大象对尸体和残骸表现出明显的情感联系,这种行为被认为只存在于大象和人类身上。卡伦·麦库姆(Karen McComb)和她的同事设计了一项研究,专门调查大象对死者表现出的关心。他们向野生大象展示了一些头骨和其他物品。结果显示,比起犀牛或水牛的头骨,大象会花更多时间去嗅和感受同类的头骨。然而,当大象和犀牛建立起亲密的社会关系后,它们也会为去世的犀牛朋友默哀。2007年11月,在津巴布韦发生了这样一起事件:一头生活在津巴布韦的非洲小象,它的黑犀牛朋友被偷猎者玛德布(Mundebvu)枪杀、削去了角并埋在土里;这头小象"为了接近它曾经的伙伴,挖了大约1米深的土,当其他两头大象扶着它时,它不断地发出哀嚎"。9

如同道格拉斯-汉密尔顿所言,一位经验丰富的科学家会采取如下保守的陈述:"幸存的大象在与生病或死亡的大象互动时,是否会同情或痛苦,这个问题至今仍未得到解答。"但他接着说道:"观察结果表明,事实可能正是如此。"我们有理由认为,共情能力与表达对病患的同情、对死者的悲伤相关。

大象社会的崩溃:情感创伤的毁灭性代价

社会环境和早期发育(尤其是母亲的抚养)会塑造行为,并使得共情在人类和其他动物中发展起来。自然或许播下了共情的种子——可以从情感联系和依恋关系发展成共情的神经回路,但是,这颗种子若没有得到良好培养,就会往错误的方向发展。

2005年,心理学家盖伊·布拉德肖(Gay Bradshaw)和她的同事在《自然》杂志发表了一篇讨论"大象的崩溃"的文章。这让我们开始注意到,早期经历,尤其是母亲的培养,和共情的发展之间的关联。母亲和婴儿紧密联系的过程,促进了神经生理结构的发展,这些结构是正常的社会行为(如共情)的基础。我们知道,对人类来说,如果扰乱这一亲子联系的过程,将会导致孩子共情能力的下降,并增强其暴力倾向。早期的创伤会对大脑产生永久性影响,对行为的影响也是如此。例如,婴儿与母亲的分离或遭受母亲的虐待、忽视,这些创伤可能会永久性地损害共情性的社会互动能力。

布拉德肖和她的同事推测,动物社群的社会混乱会干扰小象的正常发育，特别是阻止小象受到母亲的培养和教育。这种早期创伤，如同对人类的影响一样，也会造成大象在共情上的缺陷。大象生活在联系紧密的母系社会中，从小家庭到大家族，每一层级都参与照顾和养育小象。在20世纪90年代初，大约有100万头野生大象，由于偷猎、捕杀和栖息地的丧失，现在只有大约50万头野生大象幸存下来。面对支离破碎和大量死亡，大象社会复杂的结构也逐步分崩离析。目睹了父母被残忍杀害后，小象便成为孤儿，这样的情况时常发生。剩下的、幸存下来的大象，尤其是年轻公象表现出的症状与人类的创伤后应激障碍（PTSD）十分相似：抑郁、惊吓反应异常、行为不可预测、极具攻击性。

雌性大象首领如同一个社会知识仓库，失去一个首领，可能会对大象社会产生深远影响。布拉德肖与加州大学洛杉矶分校的神经科学家艾伦·肖尔（Allan Schore）写道："大量小象由没有经验、压力巨大的单亲母象抚养长大，这些母象缺乏首领和其他年长母象所能够提供的社会生态知识、领导力和支持。"[10]最令研究人员震惊的是年轻公象杀害白犀牛和黑犀牛的行为。这些年轻的雄性，或曾是遭到捕杀的孤儿，或曾目睹过亲生母亲被捕杀，或在混乱的社群中长大。在这种情况下，不仅亲子教育的过程被破坏，大象社会的结构也遭到了破坏。

当人类社会开始瓦解，社会结构受到破坏时，人们往往会丢掉道德负担。对于通过规范行为紧密联系在一起的动物社会来说,或许同样如此。这表明,在制订保护计划时,需要特别注意保护那些完好无损、功能健全的动物社会,而不仅仅是拯救动物个体。

作为道德基石的共情

现在,让我们来评估一下对动物共情的了解。我们知道,生活在复杂社会群体中的哺乳动物,已经进化出了共情的能力,这种共情能力有助于培养和维持社会凝聚力。已有证据表明,灵长类动物、厚皮动物、鲸类动物、群居性食肉动物和啮齿动物能够共情。更微妙和更复杂的共情行为的能力,似乎与社会的复杂性和智力相关。共情和其他亲社会行为(如信任、互惠、合作和公平)建立在相同的神经系统结构上,因此,社会性哺乳动物似乎是共同进化了这一整套相互关联的行为。共情行为可能是这些亲社会行为中最基本的一种,它从自然界最早的社会依恋关系之一——母婴关系——进化而来。

如兰福德关于小鼠共情的研究所暗示的那样,我们得出了惊人的结论:人类可能不是唯一拥有道德的物种。事实上,道德很可能在许多物种中进化,它是社会性的附属物,并与社会性相结合。正如达尔文所言,动物和人类在道德行为上的差异,是程度上的差异,而非种类上的差异。

超越物种界线的情感:不可能的朋友

在兰福德对小鼠共情的研究中,如果感到痛苦的是同笼的伙伴,小鼠的扭动反应会更加明显。这表明,与陌生小鼠相比,小鼠对伙伴的共情要更强烈。小鼠证明了一个关于共情的更普遍的真理:以主体为中心,亲缘关系越近,共情反应越强烈;向外辐射越远,共情反应越弱。共情的这种区分家庭成员和邻居的偏好模式,在许多物种那里都可以发现,包括人类。我们知道,合作行为和利他行为也有着同样的辐射模式。

然而,我们已经在前文清楚地表明,对非亲缘动物,动物也能够有共情。不止如此,动物也能够对其他物种的成员有共情!关于跨物种的动物之间的共情,最引人注目的故事来自于弗朗斯·德瓦尔。在英国特克罗斯动物园,有一头雌性倭黑猩猩,名叫库尼(Kuni)。德瓦尔看到,库尼抓住一只椋鸟,并把这只鸟带到园外,让其站稳。这只鸟站着不动,库尼便将其扔向天空,但这只鸟不飞,库尼又把它带到围栏的最高点,小心翼翼地帮它展开翅膀,再扔向空中。这只鸟还是不飞,于是,库尼又保护它,不让好奇的年轻猩猩靠近。显然,库尼站在了鸟的角度考虑问题。

马克已故的狗杰思罗（Jethro），曾经带着一只小兔子回家，这只兔子的母亲很可能是被马克家附近的一头美洲狮杀死的。杰思罗把兔子放在前门，当马克走到门口时，杰思罗就抬起头来，好像在说："请帮帮它。"马克把兔子带进家里，养在一个装有水、胡萝卜和生菜的纸箱里。在接下来的两周里，杰思罗就像是被钉在了箱子边上，它拒绝出去散步，也经常忘记吃饭。在马克放了这只兔子之后的几个月里，杰思罗仍会在当初找到它的地方四处寻找。几年后，杰思罗又看到一只鸟飞进了马克的车窗，它将这只因受惊而缩成一团的小鸟带到马克那里，似乎又在寻求帮助。马克将鸟放在汽车的引擎盖上，过了一会儿，小鸟就飞走了，杰思罗则目不转睛地看着它飞走。

跨物种共情最让人惊讶的案例，常发生在宠物和主人之间。此外，也有大量动物帮助人类的故事，比如海豚在海上帮助人类的故事。在新西兰，曾有一群海豚在一群游泳者周围形成一个保护圈，以抵御大白鲨的攻击。哲学家托马斯·怀特（Thomas White）讲述了一只名叫图尔西（Tursi）的海豚的故事，当它发现小男孩是盲人时，改变了自己的行为。图尔西自己有一只眼睛看不见，怀特猜测，这或许使它和那个男孩相关。另一个故事是，在埃塞俄比亚的3只狮子，从一个绑架团伙中救下了一名12岁的女孩。在"9·11"事件和2004年南亚大海啸的悲剧中，也有许多狗帮助人类的故事。当然，还有前面提到过的,在布鲁克菲尔德动物园帮助跌落小男孩的宾蒂·朱瓦。

下面再说一个非常精彩的故事。大约80年前,俄罗斯灵长类学家纳迪娅·拉德金娜-科茨(Nadia Ladygina-Kohts)抚养了一只年幼的黑猩猩,它名叫乔尼(Joni)。乔尼常常爬上科茨的屋顶,呼唤它、骂它或用食物引诱,都无法让它下来。然而,哭泣奏效了。科茨这样写道:

> 如果我装哭,闭上眼睛发出呜呜声,乔尼会立刻停止玩耍或其他活动,从房子里最偏远的地方(屋顶或它的笼子),激动地颤抖着向我跑来。如果我只是不断地呼唤和恳求却行不通。它慌张地围着我跑,像在寻找弄哭我的罪魁祸首。它看着我,温柔地捧起我的下巴,并用手指轻轻地碰着我的脸,似乎想知道发生了什么,然后转过身,把脚趾屈成拳头状。[11]

共情是道德的基础,这一点对人类和动物来说都一样。从共情开始,我们看到,三个行为簇是紧密相连的,从这一端延伸到另一端。例如,共情编织成合作行为和利他行为;正如你可能已经注意到的那样,在本章中描述的许多善良的行为——出于共情的行为——都是利他行为的例子。共情也与正义有关,反过来,正义又与合作行为和利他行为有关。在我们讨论这些行为簇之间的联系之前,让我们再花点时间,去看看那些似乎有正义感和公平感的动物。

第五章

正义

野兽的荣耀与公平游戏

"科学家发现,公平性为人类所独有。"[1]就在我们写作本章的时候,这个标题出现在《洛杉矶时报》(*Los Angeles Times*)上。文章所讨论的研究内容,近期刊载于权威杂志《科学》,并吸引了大量关注。马克思·普朗克研究所的基思·詹森(Keith Jensen)和他的同事,设计了一种叫作"最后通牒游戏"(ultimatum game)的实验。这是深受研究人类决策的经济学家喜爱的一种工具。这个游戏需要两位玩家,其中一玩家会拿到少量的钱,按照游戏要求,他需要以两位玩家都觉得合适的方式对钱进行分配。另一位玩家知道分配的钱款总数,如果他获得的钱过少,觉得分配不公平,他就可以拒绝这次给予,结果就会使得两位玩家最终一分钱都拿不到。

詹森的研究有其特别之处,游戏的参与者是黑猩猩,游戏中的货币则是葡萄干。詹森和他的团队发现,黑猩猩的游戏方式不同于人类的典型做法。在人类行为的研究中,比例低于20%的给予,几乎总是会遭到拒绝。与此相反,黑猩猩会接受任何给予,也不会因为进行分配的黑猩猩独占大多数葡萄干而感到沮丧。

在他们的研究总结中,作者写道:"该结果支持以下假说:考虑他者的偏好和厌恶不平等的结果,这些在人类社会组织中扮演关键角色的东西,使得我们有别于我们的近亲。"换句话讲,他们的结论是,大猩猩对于公平性不敏感。然而,讽刺的是,若用纯粹的经济学/博弈论观点来看,这些大猩猩的行为反而更加理性。在《洛杉矶时报》刊载的文章中,基思·詹森说,黑猩猩的行为比人类更理性,因为"接受任何非零的给予,以及尽可能少地分给别人,尽可能多地留给自己,都完美符合经济学意义上的理性"。

正义不是某种空中楼阁的理想

詹森有关资源分配的研究很有吸引力,并且,也提供了视角来窥见人类的公平行为与其他物种的公平行为之间的有趣差异。但是,从他们的研究工作,不能推出黑猩猩没有公平感的结论。从最后通牒游戏的具体研究来看,唯一能够安全地获得的结论是:黑猩猩的行为和人类不一样;至于黑猩猩是否有公平感这一问题,仍然没有确切的答案。

俄亥俄州立大学的灵长类动物学家萨拉·博伊森(Sarah Boysen),曾被问及对詹森研究成果的看法,她提出了与研究者相反的结论。她相信,黑猩猩拥有很强的正义感,尽管它和人类所拥有的正义感不同。博伊森指出:"对行为准则的偏离会得到迅速而简洁的处置,而后每个成员都会继续前进。"[2]萨拉·布罗斯南和弗朗斯·德瓦尔曾对圈养黑猩猩和卷尾猴进行有关"厌恶不公"的研究,该研究支持博伊森的判断。弗里德里克·朗格(Friederike Range)和他的同事对家犬进行的"厌恶不公"研究,同样可以提供支持。[3]下面,我们来讨论这一研究进路。

詹森的实验,也许打开了一扇理解公平性和涉他行为的窗户,但是,它同时也是一个我们需要保持警惕的故事。研究非人灵长类动物公平性的少量成果,都只涉及数量不多的几只动物,这使得我们收集个体差异信息受到了限制。不仅如此,由于这些研究都是在较短的时间里完成的,使得我们无法在某个稳定的社会群体里来理解这个新出现的行为模式。动物生活在受控的圈养环境中,也可能成为一个混淆因素;它们被要求完成的任务在野外环境里通常不会出现。但这并不是说,这些数据完全没用,而是想要强调,动物之间的公平是一个动态过程,它可能随着社会环境的变化而改变。

非灵长类动物的正义

詹森和他的同事们总结说:如果人类最近的近亲——黑猩猩(*Pan troglodytes*)——都没有公平感,显然,其他动物也不会有。此案宣告终结。可是,案件在任何意义上都没有终结。实际上,所有关于动物公平性的研究,都以非人灵长类动物为对象。然而,还有其他令人感兴趣的物种,比如狼、郊狼,甚至家犬等,从它们身上,我们可以深入了解动物公平交易的行为模式。著名哲学家罗伯特·所罗门(Robert Solomon),在其著作《对正义的热情》(*A Passion for Justice*)中,就曾让我们考虑群居狼的行为,他认为它们是高度发达的合作与协同行为的范例。所罗门写道:

> 有些狼是公平的,有一些则不是。有一些安排显得公平(从狼自己的视角来看),也有一些不是。对于事情应该怎么样,狼有着敏锐的感觉……正义,在这个意义上,就是事情应该如何。它不是某种空中楼阁的理想理论,而是群体成员在日常环境中切实可感的东西。狼通常十分关心同伴和群体的需求。它们遵循严格的精英管理制,并借由重视彼此的需求,和尊重每一成员的"财产"(通常是一块肉),来实现平衡。[4]

在其有关正义、情感和社会契约的起源的研究中,所罗门都强调了对狼加强研究的重要性。

本书的一个重要信息是:我们需要关注非人灵长类以外的动物,并研究它们在社会交往中会做些什么。本着开放的科学精神,让我们给其他动物一个展现它们所是、所知、所感的机会。若是出于意识形态的理由,关闭了非灵长类物种可能拥有正义感的大门,也就是承认,如果灵长类动物不会做某些事,其他动物也理所当然地不会做。那么,这将意味着,我们永远无法理解和欣赏动物王国那些丰富多彩的行为。

我们相信,公平感或正义感存在于黑猩猩的社会,并且也广泛存在于其他动物社会当中。虽然有关正义的研究远少于有关合作和共情的研究,但一些比较研究获得的数据,尤其是社交游戏行为(这是一个尚未得到灵长类动物学家充分关注的研究领域),可以为非人类动物的正义分布问题提供资源。

野兽正义

> 公平(Just):什么是奖励或应得。
> 正义(Justice):对公平的维持,尤其是协调相互冲突的判断,或分配应得奖赏与惩罚。
>
> ——韦氏词典

正义是有关一个人应该得到什么，或一个人应该得到何种对待的一系列期待。当这些期待得到恰当满足时，正义得以实现。我们的正义簇由几种与公平性相关的行为组成，包括对平等的欲望，以及对互利分享的欲望和能力。这一行为簇包含对不正义的各种行为反应，包括惩罚、义愤和谅解。同样也包括对正义的行为反应，例如愉悦、感激与信任。

"正义"一词在生物学中没有任何特别的含义。缺少严格的，乃至于准严格的工作定义的一个可能原因是，有关动物正义的既有研究数量极少，并且，进化论生物学家和动物行为学家也很少讨论这一现象。随着研究的积累，相关的词汇会不可避免地演化，此时，重要的事情在于，确定哪些术语最符合所观察到的行为模式。

我们意识到，有关动物正义的讨论可能引来类似这样的评论："你明显是在开玩笑。"但我们并没有开玩笑。先撇开引人注目的标题不谈，对于其他动物对不平等和不公平的反应，研究者们仍然所知甚少。但是，我们十分自信地认为，有一些动物确实拥有正义感。那么，为何在其他人还很犹豫的时候，我们会做出这个判断呢？

首先，我们的论证基于一种强调连续性的进化论视角。对于人类而言，正义感似乎是某种天生的、普遍的倾向。心理学、人类学和经济学的研究，都支持这一结论。比如，恩斯特·

费尔(Ernst Fehr)和西蒙·盖希特(Simon Gächter)的经济学研究发现,人类会对不公平感到十分沮丧,为了对所受的不公正对待施加惩罚,甚至会放弃马上到手的个人收益,正如在最后通牒游戏中那样。同样地,考虑前语言期的人类婴儿,他们所表现出的社会智能,可能为道德提供基础,在他们往后的人生中也为其正义感奠基。6个月大的人类婴儿,在他们还不能坐立行走的时候,就已经能够评估他人的意图。这些社会评价,对于确定敌友来说十分重要。在一项研究中,研究者操纵玩具木偶在婴儿面前扮演好人或恶人的角色,这一木偶会去帮助或者妨碍另一个正在向上走的木偶。而后,当研究者鼓励婴儿去触碰助人为乐的木偶或捣乱的木偶时,他们会选择助人为乐的一方。并且,他们喜欢助人为乐的木偶强过扮演中立角色的木偶,而最不喜欢捣乱的木偶。

基莉·哈姆林(Kiley Hamlin)和她耶鲁大学的同事进行的这项研究发表于《自然》杂志。他们写道:"我们并不认为,这能够说明婴儿有道德,但这看起来确实是道德的重要部分。"更进一步,他们说:"我们的发现表明,在人类的发育过程中,参与社会评价的时间要远早于以前的看法,并且它支持这样一种观点:在社会互动的基础上对个体进行评价的能力,普遍存在且无需经过学习。"他们还总结道:"社会评价是一种生物适应。"[5]

我们同意哈姆林的一般性结论,并且承认,即便缺少符号语言,动物仍能够进行这类社会评价,并且这类评价是非人类动物道德行为的基础。事实确实如此。乔治·华盛顿大学的弗兰西斯·苏比奥尔(Francys Subiaul)及其团队的最新研究成果就表明,圈养黑猩猩能够通过观察陌生人类的行为,来对他们的声誉做出判断——它们观察人类在给予同类食物时,是慷慨还是吝啬。对性格做出判断,或者说,评判慷慨或吝啬的能力,正是我们期望在那些公平和合作在社会成员交往中起到重要作用的物种里发现的东西。

解释的经济性原则支持如下假说:正义感是一种连续的、进化的特征。正因如此,它应该起源于(或相关于)近缘物种,或有着相近社会组织模式的物种。当然,正义感可能有物种特异性,并且高度依赖于特定动物群体独特的社会特征;进化的连续性不意味着完全相同。

另外,公平绝对不仅仅是竞争和自私所产生的一种副产品。李·杜加特金和马克曾使用博弈论模型表明:总是公平行事的情况比从不公平行事更为常见,并且,在社会发展过程中总是尽力保持公平,这能够成为一种进化上稳定的策略。(一个进化上稳定的策略是指,如果它被某个群体所采取,它就会抵制任何其他替代策略的入侵。)所以,正如合作一样,公平在社会行为的进化中扮演了至关重要的角色。这不是一个狗吃狗的世界,因为狗绝不会互相捕食。

第二点,同时也是对我们的论证而言更关键的一点,是动物自身提供的数据。尽管很少有研究者直接关注动物的正义感问题,但在有关动物行为的各种角度的研究中,却有着许多吸引人的线索。我们准备向你展示这些线索。我们会从社交游戏行为开始,它为社会性动物的公平感提供了最有力的证据。在游戏行为的情景中,我们会看到动物理解、交流、执行公平规则的各种方式。然后,我们转向研究者们称之为"厌恶不公"的研究,因为这些研究会直接影响我们关于公平和正义的讨论。最后,我们将探讨一些针对公平和不正义的行为反应,包括愉悦、义愤、信任、谅解和惩罚。

游戏与道德有何关联?

道德正如一个游戏:有一些每个人都同意而且每个人都必须遵守的规则,违背规则就会受到惩罚。这些规则在一定程度上是出于想象的建构,它们与手头的游戏有关。在社会群体里,正如在一个游戏中,集体的形成取决于个体对特定规则效力的认同。在任何时刻,个体都知道他们自己和其他群体成员的位置和角色。

反过来,社交游戏也为深入了解道德,特别是理解行为模式(包括正义簇的行为),打开了一扇窗户。社交游戏是一种自主活动,它需要参与者理解并遵守规则。它的基础是参与者的公平、合作与信任，当个体作弊时，社交游戏就会遭到破坏。在社交游戏中，个体能学到如何判断对错（其他成员能接受什么），其结果是有效运作的社会群体（一个游戏）得到维持和发展。因而，公平和其他形式的合作就为社交游戏提供了基础。游戏中，动物们必须不断地协调各自的意图，以使得合作和信任占据主导。它们还学会依次轮流和设置"障碍"以确保游戏公平。它们也会学会谅解。

社交游戏有独特的约定规则，这些规则涉及"可以咬得多重"、不许交配的限制条款、放弃支配地位抑或最低限度的保留等。设想诸如贴标签、捉迷藏、追逐之类的游戏。一些特定的规则会在游戏进行过程中生效，游戏外则不然。加入游戏的人必须理解这些规则（它们通常未经明确阐述）并遵守规则，否则就会被认为是作弊，而且被逐出游戏。如果玩家之间不合作，游戏也可能很快演变为争斗。

动物进行游戏时，它们一定要**同意**参与游戏。它们必须合作，并公平地行动。而且，一旦公平遭到破坏，游戏不仅会停止，它甚至会变得不可能进行。**不公平的游戏**这个表达本身就像是矛盾修辞，因而，游戏是面向动物道德生活的一扇透亮的窗户。

游戏是什么？为何进行游戏？

一只叫杰思罗的狗，跳向它的同伴齐克(Zeke)，立刻停在它面前，蹲伏在它前方，摇动着尾巴，叫嚷着，然后突然扑向它，咬住它的脖子来回摇晃，又绕到它后方并爬上后背，之后又跳下来，做了一个迅速的鞠躬动作，马上又冲到它侧面用尾部猛撞，之后跳起来再次咬了它的脖子，随后快速跑开。而后，齐克对杰思罗来了一场野外追逐，齐克跳上杰思罗的后背，啃咬它的鼻子，随后咬住后颈，并迅速地来回摆头。舒基(Suki)冲入战局，与杰思罗、齐克扭打在一起。之后，它们分开了几分钟，四处嗅探，休息了一会儿。然后，杰思罗慢慢走向齐克，将爪子伸向它头部，轻咬它的耳朵。齐克起身跳向杰思罗的后背，抱住腰咬它。而后它们倒在地上，相互拌嘴，追逐，翻滚，玩耍。舒基再次决定跳入，它们仨就这样一直玩到筋疲力尽。它们之间的游戏从始至终都未演变成真正的攻击。这段场景描述取自马克的实地记录。

游戏行为是一种广泛可见的现象。动物进行游戏时，会采用多种常用于其他社会环境中的行为模式，比如时常用于交配的动作(爬跨)。游戏行为也会和其他复杂的行为混合在一起，包括争斗动作(猛咬)、捕猎动作(匍匐)、避免成为猎物的动作(逃跑)等。因而，社交游戏可能也会令游戏参与者自身产生迷惑，随着游戏的进展，它们必须明白这只是游戏。

根据田纳西大学的心理学家,动物游戏研究专家戈登·布格哈特(Gordon Burghardt)的看法,游戏的进化起源可以追溯到1亿年前。在多种不同种系的动物群体里,包括胎生哺乳动物、鸟类,甚至甲壳动物等,都有游戏行为的证据。当然,不是所有动物都会进行游戏。说来也怪,本书特别感兴趣的动物,包括非人灵长动物、啮齿动物、犬科动物、猫科动物、有蹄动物、厚皮动物和鲸类动物等等,都是很喜欢游戏的动物。这是巧合吗?很可能不是。

图6 美国怀俄明州黄石国家公园内,郊狼幼崽在巢穴外玩耍。感谢托马斯·D. 曼格尔森惠赠图片

游戏是适应性的,对许多动物都有十分重要的功能。对于一些动物,比如犬类家族(狗、郊狼、狼和狐狸),游戏对于社会技能的发展、社会关系的建立与维持,皆有重要意义。在游戏中,动物们习得社交规则和互惠互利。游戏也可能是某些"真家伙"的预演,比如狼崽或公山羊会进行战斗游戏。游戏

图7 狗和其他动物游戏时,会采用不同环境中的行为模式,包括争斗、捕猎和交配行为。此处,萨沙(Sasha,左)与它的朋友伍迪(Woody,右)游戏时,立起身体,好似正要进行一场争斗。萨沙和伍迪在一起,活泼且公平地游玩了5年之久。只有两次,它们的游戏演变成野性争斗,并持续了大概3秒钟,在那之后,它们迅速回到游戏状态。它们会在游戏进行过程中微调自己的行为。图片截取自马克·贝科夫的一段影像

也提供机体训练(有氧或无氧训练皆涉及,在游戏中,骨骼、肌腱、关节和肌肉都会发挥作用)和认知训练(通过"眼—爪"协作来完成)。马克与其同事马雷克·斯平卡(Marek Spinka)及鲁思·纽伯里(Ruth Newberrt,专注于猪的行为研究),会将游戏视作针对意外情况的训练,因为游戏是高度易变的行为,它能使个体做好准备,以应对剧烈的变化和新颖意外的环境。

神经科学家和动物行为学家曾论证,游戏促进大脑的行为灵活性和学习能力。游戏期间,对玩伴的意图、信号以及游戏专属的规则,大脑会持续进行评估。郊狼幼崽在进行游戏时,它们的行为变得多变而不可预测,一种行为模式会迅速地切换为另一种,也会启用不同环境下的不同行为模式,包括繁殖、捕食和攻击等,这都会刺激大脑,并帮助大脑建立联系。因而,游戏要求很高的认知投入,它可以视作"大脑的食粮"。游戏有助于重新建立大脑的连接,并增强大脑皮层神经元之间的联结。它能够磨练逻辑推理和行为灵活性之类的认知能力,并为大脑的成长提供重要的养分。心理学家斯蒂芬·西维(Stephen Siviy)的研究表明,大鼠进行一组游戏后,脑部的c-FOS(一种与神经细胞刺激和成长有关的蛋白质)水平会提高。

动物游戏研究的一位代表人物——加拿大莱斯布里奇大学的心理学家塞尔焦·佩利斯(Sergio Pellis)甚至相信,连接更强的大脑与更高等级的游戏相关联。灵长类动物游戏研究者凯瑞·刘易斯(Kerrie Lewis)曾表明,相对于不善游戏的灵长类动物,掌握越高级的社交游戏的灵长类动物,大脑皮层的尺寸也会越大。

公平地进行游戏是一个十分可取的行为策略,因为绝大多数个体会从这种行为策略中获益。群体稳定性也会因游戏而得到加强。许多哺乳动物都已进化出多种机制,包括邀请游戏信号、与其他情境有所不同的一系列游戏行为、自我克制和角色转换等,这些都有助于社交游戏的形成和维持。

游戏不仅重要,也很有趣。无论独自游玩还是与朋友一起玩,动物们都会获得强烈的快乐。大鼠在进行搏斗游戏、或者被搔痒的时候,都会发出高频率的吱吱叫声,研究者将这种叫声描述为"笑声"。狗也会笑,它们发出某种呼吸声,其他的狗会将这种强烈的呼吸声理解为游戏邀请。笑能够使动物感觉良好,因为它刺激大脑释放多巴胺。动物在游戏中表现出的节奏、舞蹈和情绪,都具有极强的感染力,会如传染病一般散播开来。当动物看见其他动物在游戏,这也会刺激它们开始游戏。

公平游戏:进程中的微调

游戏的社会动力学要求玩家同意玩耍,不吃掉其他参与者,也不相互争斗或交配。游戏就是游戏,不能争斗或交配。

当这些期待遭到破坏,其他参与者会对不公平做出反应。比如,郊狼和狼会对不公平的游戏表现出消极反应:它们会停止接触,或者躲开那些邀请它们游戏又违背规则的同伴。不公平地参与游戏的郊狼和狼,在被贴上作弊者的标签之后,就会难以再次加入到其他同伴的游戏中。

家犬同样无法容忍不合作的作弊者,它们会被孤立,或者被游戏群体逐出。在加利福尼亚州圣迭戈的沙滩上研究犬类游戏的时候,亚历山德拉·霍罗威茨发现,一只她称呼为立耳(Up-ears)的狗,加入了一个游戏群体,并打断了另外两只狗——布莱基(Blackie)和罗克西(Roxy)——的游戏。立耳被逐出了群体,当它再次回来时,布莱基和罗克西立刻停止游戏,并朝着远处的响动望去。罗克西开始朝着响声来源移动,立耳则顺着它们目光的方向跑开了。随后,罗克西和布莱基马上回到了游戏中。

动物在游戏中展现出公平性,并且对不公平的游戏行为表现出消极反应。在这种情况下,公平和个体的具体社会预期相关,而不是某种普遍定义的对错标准。如果你期待一个朋友与你一起游戏,而他表现出攻击性、专横和莽撞,而不是合作和娱乐,那么,你会觉得自己受到了不公平的对待,因为这不符合社会预期。通过研究动物社交游戏行为的细节和动力学,我们发现,动物表现出某种与公平感近似的东西。举例来说,一种知晓动物具有社会期待的方法,是发现它们对没有

"正确"进行的游戏感到惊奇,并且,只有进一步的交流才能使游戏继续。比如,在游戏中,倘若一只狗变得攻击性过强,或尝试进行交配,其他的狗会立起头左右摇动,眼睛斜视着,就好像在思考究竟哪里出了错。对信任的背叛会使得游戏停止一会儿,只有在这位玩伴通过鞠躬之类的姿势"道歉"之后(表明它想继续游戏的意图),游戏才会继续。

我们想要强调,公平是社交游戏的一个坚实基础。在游戏时间,只有参与者们都没有除了游戏以外的事务时,游戏才会开始。它们要放下或减少一切物理和社会等级的不平等。大动物会和小动物一块儿游戏,高等级的动物和低等级的动物也可以一起玩耍,当然,这要求参与者不过分地利用自己的力量或地位。

在说了这么多之后,一个可能得到的结论是:游戏是一种独特类型的行为,比起其他社会情境,参与方之间的不对称在游戏的情境里能得到更好的宽容。在动物游戏活动中,它们会努力减少体形、力量、社会地位上的不平等。如果个体选择不参与活动,游戏不会开始,而且游戏若想继续,就需要平等和公平,这也使得游戏有别于其他合作行为(比如捕猎和照料)。和其他合作行为比较,游戏可能是最富有平等主义精神的活动。如果我们将正义定义为一系列社会规则和社会期待,它们维系着群体和谐,也抹平个体间的差异,那么,这恰好就是我们在动物游戏的时候发现的东西。

不想游戏就别鞠躬

现在让我们看看,我们有关社交游戏和道德之间紧密关联的判断,可以得到哪些证据支持。大多数有关游戏和公平的研究,都关注家犬及其野生近亲——狼和郊狼。我们的讨论将集中于我们最熟知的动物,不过,其他一些动物的案例,也会支持我们的判断。

狗和亲友游戏的时候,同样会使用其他环境中的动作,比如支配性的互动、捕食行为、逃跑行为和交配等。在游戏过程中,因为各种不同的行为模式都有可能被误解为真正的攻击或交配,所以,游戏的参与者要告诉其他同伴:"我想要玩游戏","不管我接下来做什么,都只是游戏"或"不管刚才我做了什么,我们还是在玩游戏"。

游戏常常以一个鞠躬开始,并且,在游戏进行过程中,鞠躬会重复出现,以确保游戏持续进行。一只狗想邀请同伴游戏的时候,它会前肢蹲伏,后肢立起,并在鞠躬的同时不停吠叫和摆尾。在个体都同意参与游戏(而不是争斗、捕食或交配)之后,信息会迅速而微妙地在参与者之间传递,以使得合作意向能够在游戏进行过程中得到恰当调适,因而使得欢乐的游戏活动继续进行。

在进行多年的幼年犬科动物(家犬、狼、郊狼等犬类家族成员)的游戏研究之后,马克意识到,鞠躬并不是随意的动作,而是伴随着内心的意图。举例来说,伴随着迅速摆头的撕咬,通常出现在真正的攻击和捕食情形中,如果没有鞠躬来修正其含义,它极易被误解。鞠躬不仅在游戏一开始,用以向同伴表达"我想和你玩",而且也会用于摆头撕咬之前,它表明"我

图8　右边的小狗正在做一个游戏鞠躬。马克测量了个体鞠躬的角度,以及它们在网格系中的样式,其中,样式等于肩部相对于直立高度的偏角(图中a是肩部在网格系中的垂直位移)。鞠躬是一种老套且易于识别的信号,它表示"我想要和你玩","对不起,下口太重了,我们继续玩吧"或者"我要咬你了,但只是做游戏的那种"。更多细节可参看 M. Bekoff, "Social Communication in Canids: Evidence for the Evolution of a Stereotyped Mammalian Display", *Science*, 197(1977): 1097—1099; and M. Bekoff, "Play Signals as Punctuation: The Structure of Social Play in Canids", *Behaviour*, 132(1995): 419—429

会咬得很重,但这仍然是游戏",或用在猛烈撕咬之后,表示"我很抱歉咬得太重了,但那只是游戏"。鞠躬能够减少攻击发生的可能性。

游戏信号通常是真诚的。鞠躬后再攻击同伴的作弊者,通常不大可能被选为游戏玩伴,也很难找到同伴一起玩。这种惩罚有可能影响个体的繁殖适合度。如果一只狗不想进行游戏,那它就不应鞠躬。

促进平等,缩小不平等

狗、狼、郊狼和其他一些动物,为了维持社交游戏,会进行角色交换和自我克制。这些策略有助于缩小游戏参与者之间体形和地位上的不平等,并促进游戏所需要的互利和合作。既然游戏必定要求合作与谨慎的协商,那么任何能够减少不公平和促进平等的行为,都会在社交游戏中得到很好地运用,以维持彼此的互动。

在个体表现出游戏特有的行为模式时,它需要自我克制(或者说"游戏抑制"),以免被驱逐出游戏。比如说,一只郊狼会决定不用全力咬它的游戏伙伴,或者它不会玩得十分卖力。在游戏过程中,抑制啃咬的强度,有助于稳定游戏情绪。幼年郊狼的毛皮很薄,一次猛烈的啃咬会引起高声尖叫,并带来过于强烈的痛感。一次狠咬就会终结游戏。对成年狼来说，一次咬击可以产生每平方英寸1500磅*的压力，所以它们最好控制自己的力道。

角色交换发生时，地位更高的动物会表现出真正的攻击中不会出现的动作。一个例子是，头狼通常不会在争斗中背躺着翻滚，但在游戏中却有可能，这会使他易于受到攻击。在某些案例中，角色交换和自我克制可能同时发生。头狼与下属的狼一起游戏时，也可能翻过身，并同时抑制自己的啃咬力度。自我克制和角色交换，就像具体的游戏邀请信号一样，可能表明个体想要继续游戏的意图，并在公平游戏的维持中起到重要作用。

除了我们主要关注的狗和它们的野生近亲之外，还有其他一些动物也会努力维护游戏公平。比如，澳大利亚生物学家邓肯·沃森（Duncan Watson）和戴维·克罗夫特（David Croft）观察到，红颈小袋鼠（red-necked wallaby）会进行自我克制。这些善于游戏的动物，会根据玩伴的年龄调整游戏。如果玩伴很年轻，年迈的动物会采取防御性的、稍显笨拙的姿态，并更多使用爪击而非拳击。年迈的参与者也会对同伴的战术更宽容，并主动延长互动时间。

塞尔焦·佩利斯发现，大鼠的游戏程序，包括个体评估、相

---

* 约为10 342千帕。——译者

互监督、微调和改变行为以维持游戏情绪。当游戏规则遭到违背,公平会受到破坏,反之亦然。即便对于大鼠来说,公平和信任对于游戏交互的动态运作也十分重要。佩利斯观察到,在成年鼠游戏时,下属个体更乐于与上级大鼠进行游戏接触(用鼻子触碰或贴近脖颈),而且它们努力保持对称的游戏关系,这样一来它们就不易受伤,也让上级鼠知道这是游戏,而非争斗。上级鼠会用成年鼠的防御策略回避攻击,而下属鼠在游戏进攻中,会采取青年鼠的防御姿态。下属鼠的这种游戏式攻击,能够让上级鼠更易容忍它的在场。

那么,为何动物如此小心地使用游戏信号,来告知同伴它们仅仅想要游戏,而不是真的想攻击同伴?为什么它们能够进行自我克制和角色转换?为什么它们能微调游戏行为,以保持游戏乐趣?很可能,在社交游戏中,个体能在一个相对安全的环境里获得乐趣,它们习得基本规则,知晓哪些行为模式能够被同伴接受,比如可以咬得多重,互动可以多强烈,或怎样在不中止游戏的情况下处理冲突。

公平游戏和彼此信任有很多好处。个体也可能将游戏中习得的行为法则普遍化,将适用于某特定个体的行为法则应用于其他群体成员,以及其他需要正义的社会情境中,比如互相梳理毛发、分享食物、竞争社会地位和保护资源等情境。社会行为法则调节动物的行为,指明哪些行动是被允许的,哪些则不被允许。这些法则的存在,和社会道德的进化高度相关。

倘若要学习基于公平和合作的社会技能,还有什么比社交游戏(在社交游戏中,违反规则的行为很少受到惩罚)更好的场合呢?

游戏的乐趣

在《人类的由来及性选择》(*The Descent of Man and Selection in Relation to Sex*)一书中,查尔斯·达尔文写道:"幸福在幼年动物身上表现得最为充分,例如小狗、小猫、小羊羔等。它们在游戏的时候十分欢乐,正如我们人类的孩子那样。"6动物通常只在放松、没有压力、身体健康的时候进行游戏,而且,游戏所固有的快乐和安详,会传递给任何一个观看游戏的人。

动物行为学家乔纳森·巴尔科姆说,愉悦是"一种进化的馈赠"。7它是大自然奖励适应行为的方式之一。人类(尤其是清教徒)可能会认为,道德和愉悦是两种相悖的力量。无须迟疑,任何享乐都有违道德。然而,大自然更加明智。巴尔科姆提到,"感官愉悦产生增强体内稳态(homeostasis)的行为",这或许是因为,它有助于维护并奖励那些能够促进社会稳态的行为。快乐(或者用古板的科学术语来说,"积极情感")和愉悦,在道德中扮演了关键角色。

我们的亲眼所见同样获得了科学研究的证实。大鼠的脑化学研究表明,游戏可以带来愉悦和欢乐。著名神经生物学家雅克·潘克塞普在大鼠身上发现:阿片样物质的活动增强会提高愉悦感,增益游戏活动产生的回报。如果这对大鼠而言是真的,并且我们已经知道人类也如此,那么,就没有理由认为,狗、猫、马、熊等动物,它们由游戏产生的愉悦,在神经化学基础上有实质性的差异。

道歉与谅解:记仇只是浪费时间

何谓谅解?这是另一个人们通常认为只有人类才有的道德概念。但是,有名的进化论生物学家戴维·斯隆·威尔逊曾论证,谅解是一种复杂的生物适应。在其著作《达尔文的教堂:进化、宗教与社会的本质》(*Darwin's Cathedral: Evolution, Religion, and the Nature of Society*)中,威尔逊写道:"谅解拥有一种遍及动物王国的生物学基础",并且"谅解是多面的,也**需要**是多面的,以适应不同的运作环境"。8尽管威尔逊着重讨论人类社会,他的观点仍可以简单且合理地扩展至非人类动物。实际上,威尔逊指出,谅解之类的适应性特征,所需要的脑力可能远比过去所认为的要少。这并不是说动物们不聪明,而是说,谅解对许多动物而言可能是基础的特征,即便它们并不具备又大又灵活的大脑。

游戏进程常常包括谅解和道歉的动作。比如说,如果杰思罗咬齐克的力道过重,游戏因此暂停了一小会儿,杰思罗就会鞠躬以告诉齐克,它并不是刻意为之。杰思罗在借助道歉寻求谅解。为了让游戏继续,齐克必须信任杰思罗通过鞠躬所表达的意思,也就是说,它要相信杰思罗是诚实的。虽然,这在一些读者看来可能会有些牵强,但事实表明,动物会策略性地用游戏鞠躬来维持游戏情绪,否则游戏就可能结束。

所以,总的来看,对于寻找动物(或人类)的道德行为而言,社交游戏是一项完美的活动。游戏的基本规则是:事先取得同意,诚实,遵守规则,并及时承认错误。

厌恶不公:它有的我也要有

还有一个研究领域,对于理解动物的公平感和平等感颇有启发。一些灵长类动物研究关注"厌恶不公"现象,这是一种消极反应,当奖励与公平分配的预期不符时,它就会产生。人们认为,厌恶不公有两种基本形式:一种是厌恶他者所得多于自己,另一种是厌恶自身所得多于他者。在动物身上,目前只发现了第一种厌恶——"它得到的比我多,这不公平"。

萨拉·布罗斯南和弗朗斯·德瓦尔,曾测试5只圈养雌性卷尾猴的厌恶不公反应。卷尾猴是高度社会化且善于合作的物种,分享食物对它们来说十分常见。这些猴子会仔细地监督同伴是否得到公平且平等的对待。在雌性卷尾猴中,这种为了平等的社会监督表现得尤其明显。布罗斯南和德瓦尔写道:"雌性比雄性更加注重物质交换和服务的价值。"9

布罗斯南先是训练了一组卷尾猴,教会它们用小石子作为代币交换食物。而后,研究者让一对雌猴进行易货交易。其中一只卷尾猴,被要求用一块花岗岩交换一粒葡萄。另外一只猴子目睹了石头换葡萄的贸易过程,而后,它被要求用一块石头交换一小块黄瓜,这次交易远不及它看到的那场交易那么合意。这只"上当"的猴子会拒绝与研究人员合作,它不会吃那块黄瓜,还常常将黄瓜扔回给人类。简单来说,卷尾猴期待得到公平对待。它们似乎能够根据周遭状况,来评估和比较奖赏。若是单独一只猴子,会对石头换黄瓜的交易感到高兴。只有在其他同类看起来得到了比黄瓜更好的奖赏时,交易才会变得扫兴。

对此有所怀疑的人论证说,这些猴子并没有表现出平等感,而只是表现出某种贪婪或嫉妒感。是的,它们确实表现出贪婪和嫉妒。但是,贪婪和嫉妒恰是正义的反面。除非你感觉受到区别对待,否则怎么会感到嫉妒?要不是你觉得自己应该得到更多,又怎么会觉得受到区别对待?

布罗斯南和德瓦尔推测,猴子和人类一样,受到社会情感或"激情"的指导,这些情感能够调节个体对于"付出、收益、损失和他者态度"的反应。动物进化出感激和义愤之类的情感,以培养长期合作,正如人类一样。猴子似乎也具备这些情感,它们也有可能存在于其他动物身上。

关于这些情感,所有阅读过布罗斯南和德瓦尔研究的读者,最先注意到的就是"义愤",因为它带着强烈的人类中心主义意味。义愤会因为察觉到不公而被唤起。如德瓦尔在《天性善良》(*Good Natured*)一书中提到:"不公正引起的愤怒反应或许可以表明,利他不是没有限度的,它和要求相互承担义务的规则联系在一起(比如公平)。"[10]德瓦尔也考虑了感激。在2005年的《科学美国人》杂志上发表的一篇有关猴子互惠行为的文章里,他写道:"这个互惠机制不但需要先前事件的记忆,那份记忆还必须着了色,一旦回忆,就能引发友善的行为。对人类而言,这种着色程序被称作'感激',而且,我们没有理由给黑猩猩身上同样的东西起别的名字。"[11]德瓦尔清楚地意识到这些有关猴子的观察结果意味着什么,他说:"因此,在阅读《正义论》(*A Theory of Justice*)这本当代哲学家约翰·罗尔斯(John Rawls)的极具影响力的著作的时候,我无法逃避这种感觉。与其说他是在描述人类的独特创造,倒不如说,他在澄清一些古老的议题,它们大多可以在我们的近亲身上辨认出来。"[12]

另一项来自布罗斯南、德瓦尔和希拉里·希夫的研究指出,黑猩猩也展现出对不公的厌恶。正如卷尾猴一样,在相似的实验程序中,黑猩猩对不公正的奖赏表现出同样的消极反应。这项研究比卷尾猴的项目走得更远一些,它对公平行为的一些引人注目的细微差别,作了更进一步的研究。尽管黑猩猩对奖励的差异有所反应,但它们对努力程度的差异漠不关心。和卷尾猴一样,黑猩猩并不会因为自己得到了更多奖赏而感到烦恼。(也就是说,它们并未表现出第二类厌恶不公。)并且,黑猩猩对不平等的反应强度,会因为社会环境而改变,影响因素包括族群大小和亲缘关系等。在长期的紧密社会群体中,黑猩猩显得对不平等更加宽容,这也许是因为个体会记住谁对谁做了什么。如著名进化论生物学家罗伯特·特里弗斯在他的互惠利他理论中所预测的那样,在一个长期共同生活的群体里,个体互相熟识,我们就可以看到这种社会行为模式的产生。重要的是,个体会记得谁对谁做了什么,以及谁应该在未来优先得到回报。

这项研究提示,正义是情境化的。在一个社会环境中可以接受的东西,也许在另一个环境中就无法接受。所以,为了更多地了解动物的正义,我们需要考虑到行为出现的具体环境,比如群体的大小、社会关系维持了多久,以及群体成员关系的稳定程度,这些都与非社会性的环境条件相关。一只鞋不适合所有人。

公平与适合度：背叛信任的惩罚

  生物学家感兴趣的一个大问题是，某个特定行为的表现差异，怎样影响个体的繁殖成效？动物行为学家尼可·廷伯根及其他一些研究者注意到，在上述两件事之间建立起联系，正是行为研究的目标之一。因此，或许游戏的差异，以及公平游戏的多样性，也会影响个体的繁殖适合度？在公平游戏和个体的繁殖成效或适合度之间，几乎不可能直接建立联系。但是，郊狼身上的一些有趣数据，也许有助于我们了解游戏和适合度之间的关系。

  郊狼对于公平游戏学得很快。它们也应该如此，因为如果它们背叛了同伴的信任，将会遭到严厉的惩罚。生物学家将这种惩罚称作"代价"，它意味着如果动物没有按照预期规则进行游戏，则其繁殖适合度会降低。对郊狼的实地观察，揭示了一种直接且迅速生效的代价，它发生于未公平参与游戏，或根本不怎么玩游戏的个体身上：参与游戏较少的幼狼，不管是因为其他同伴躲着它，还是它自己躲着同伴，与群体成员的联系都会较为松散。这些个体更有可能离开群体，并试着独自求生。但离群生活的风险要大很多。在怀俄明州穆斯的大蒂顿国家公园中，马克和他的同事进行了长达7年的郊狼生活研究。他们发现，大约60%的离群幼郊狼都会死亡，而在族群里的幼狼，只有不到20%会遭遇不幸。这是因为游戏吗？我们不大确定。要确切地知道这一点,需要一些更具体的细节信息,但在野外不可能收集到这些信息。不过,圈养郊狼提供的数据显示,不进行公平游戏的个体,玩游戏的频率低于那些公平的参与者,而缺少游戏是一个主要因素,这使得个体不得不花费更多时间独处,并远离它的小伙伴和其他群体成员。

人类又会如何?所有这些有趣的线索,都映射出我们所知的人类对不平等的反应。比如说,我们知道,认为自己受到不公对待的人,有更高的风险罹患心脏疾病。研究人员推测,受轻视的感觉可能让身体产生某些生化改变,因为消极情绪与受到不公对待相关。因此,与受到公平对待的感觉相关的积极情绪,可能有根深蒂固的进化来源。顺着这一思路,流行病学专家理查德·威尔金森(Richard Wilkinson)在其著作《不健康的社会:不平等的苦恼》(*Unhealthy Society: The Afflictions of Inequality*)中提到,奉行平等的国家,诸如挪威,相比那些贫富差异很大的国家,比如美国,前者倾向拥有更加健康的国民。他推测,不平等导致不健康,这是社会压力带来的生理后果。

公平、信任和自利

灵长类动物学家罗伯特·萨斯曼和伦理学家奥德丽·查普曼指出,动物的群体生活涉及个体自由的牺牲,而这种牺牲与自利相悖。反过来,超越自利的行为似乎涉及对社会网络中其他个体的信任。企业律师劳伦斯·米切尔(Lawrence Mitchell)曾就美国的自私和信任问题,写作《叠层甲板》(*Stacked Deck*)*一书。他在书中表达了一些高度相似的看法,并且提出了一些观点,十分值得在动物正义的讨论中加以考虑。我们对米切尔观点的评论只是猜测性的,因为与动物正义问题相关的材料还太少。然而,我们希望这项讨论能够促进更进一步的研究。

引用米切尔的一段话:"一个自利的社会使得信任变得困难(尽管不是完全不可能)……它是一种无法维持信任的伦理。因为无法维持信任,它会带来一种相互怀疑和自我保护的关系。这也使得有意义的、丰富的人际交往变得更加困难,至少对于除了直系亲属和微型朋友圈子之外的人来说如此(即便人们在小圈子内仍保持可以理解的谨慎)。"[13]米切尔认为,人类社会的不公平滋生了不信任,而不信任产生社会不稳定。这么说来,狼、狮子、大象或黑猩猩族群的正直和高效,是否依赖于个体对群体成员意图的信任?这么考虑又是否显得牵强?我们认为这并不牵强。信任是维系群体凝聚力的关键所在,它对于社交游戏和成员的互惠都很重要,而这两者都是促进群体生活的。

米切尔还认为:公平深深地根植于脆弱性,脆弱是人类的

---

* 此书英文标题有事先把扑克牌做好手脚出老千的意思。——译者

一般性特点,我们都是脆弱的。"我们可以先从转变思考这些问题的方式开始。我们先要理解,公平无非就是保护脆弱。如果这样做,我们就能培养信任,培养社会凝聚力,建立起社群。"14 社会性动物的脆弱之处是否是相似的?我们认为是的。而且,理解社会性动物的脆弱性,有助于我们更好地理解动物正义。

正义的哲学:正义不只是一个抽象原则

在三个行为簇之中,正义可能是最引人怀疑的一个。说动物正义地行动,有些人会觉得这听上去有些好笑。这种反应源于我们的文化讨论所塑造出的"正义"的形象,它常常被理解为是一组关于"应得"的抽象原则。然而,我们知道,动物并不会抽象地思考。

但是,正如我们在第一章所主张的那样,道德——包括正义在内——实际上不是(至少主要不是)关于抽象事物的。罗伯特·所罗门在《对正义的热情》中写道:"正义假定一个人要关心他人。它首先是一种感觉,而不是某种理性的或社会的建构。同时,我想表明,在某种重要的意义上说,这种感觉是自然的。"15 所罗门的观点在我们日常的语言使用中有所反映:我们经常使用"正义感"一词。这或许表明正义就如共情一样,是一种情绪或感受,而不仅是(甚至并不主要是)一组抽象原则。

保罗·夏皮罗(Paul Shapiro)在其文章《其他动物中的道德主体》中提出了类似的观点。[16]他写道:"关心他者利益的能力是道德的核心,并且很有可能比规定适当行为的抽象原则更加重要。"关心他者的利益,以及比较自身与他者的利益,都是正义的本质性部分。

弗朗斯·德瓦尔,他是极其慷慨地将道德行为赋予动物的典型,对正义却持有谨慎态度。在《信念者》(*Believer*)杂志的一个访问中,当他被问及动物是否有正义感时,他的回答模棱两可。他承认,动物有道德情感,包括共情。但是,他说:"要拥有道德,你需要的远比情感更多……你需要看到某个情境后能够做出判断,哪怕这个情境对你没什么影响。"[17]你需要某种距离。你要能扮演某种哲学家称之为"不偏不倚的旁观者"(impartial spectator)的角色,并对那些不直接影响你的情境做出道德判断。在黑猩猩群体里,德瓦尔说,你找不到某种关于彼此交往的公平观念。

德瓦尔的评论揭示了一个重要的真相:人类的道德是独特的。在人类社会中,抽象地思考谁应该获得什么(以及相应的理由)的能力至关重要。我们可能会将这种精妙的、专门处理正义问题的能力看做人类的独创。相比其他动物社会,人类社会中的正义表现得更加复杂,也更加微妙。但是,这并不在任何意义上表明,动物没有也不能够拥有正义感。

持怀疑态度的人,特别是读过德瓦尔评论的那些怀疑者,可能会反对说,动物不能拥有正义感,因为它们没法做到不偏不倚。不偏不倚是一项正义的原则,根据这一原则,关于谁获得什么的决定必须没有偏向,它不能包含种族或性取向的偏见,也不能受裙带关系和其他不恰当的偏好的影响。正如俗话所讲,正义必须是盲目的。尽管在一些涉及正义的情境里,不偏不倚的原则会起到重要作用,但是,这些情境在数量和范围上极其有限,它只包含了我们在社会中碰到的有关公平和正义的一小部分情况。所以,动物是否能够做到不偏不倚(顺便说一句,这一点尚未得到任何研究),与动物是否拥有正义或公平感,并不真正相关。

三簇行为的联系

在我们关于三簇行为的讨论接近尾声之际,值得思考的是,有关动物道德行为的这些不同线索,有着怎样的关联或重叠?目前,基于十分有限的可用数据,我们仅有一些初步的观察。随着这三个行为簇相关研究的深入,它们的相互关联当然会变得越来越清晰可辨。

根据现有信息,我们推测,在三个行为簇中,正义的行为代表进化上最发达的行为,并且,正义的行为所需要的神经复杂度和情感敏感度也最高。正义很可能以共情与合作两者为基础,它比其他行为簇的分布可能更窄一些。

公平与合作紧密相关,尤其是,越复杂的合作形式(比如互惠)与公平的关系越紧密。合作的一些基本行为要素,对正义而言是必要的。比如,在合作关系中,一种很重要的能力是要将自己的付出或贡献与他人的付出或贡献相比较,双方的贡献应是对等的(即代价和获益应是对等的)。这种进行比较的能力在认知上十分复杂,要能记住过去的事,预判未来可能发生的事,以及对其他动物的性格进行微妙评估。这种能力可以说是正义的核心。

信任对于合作与互惠交换都极其重要,它也是公平的基本要素,在社交游戏中尤其如此。正义与合作的行为簇都含有对作弊、偷懒和说谎者的惩罚,也包含因与预期不符而产生的消极情绪。我们的推测是,正义和公平感是由更加基本的合作与利他行为进化而来。如著名神经科学家安东尼奥·达马西奥(Antonio Damasio)所认为的那样:"不难想象,正义和荣耀的出现源于合作的实践。"[18]

我们相信,正义也根植于共情。很显然,公平感要求理解他者意图和情感状况的能力,正如复杂的合作一样。回想一下有关游戏行为的讨论,游戏都是就意图、信念和欲望进行微妙交流的过程。

或许,神经科学的研究有助于阐明正义和共情之间的关联。神经科学家已经开始研究这两者的神经基础,并且,一些有趣的联系正在浮现。神经科学家塔尼亚·辛格(Tania Singer)和她的同事在《自然》杂志上发表的一项研究表明,人们会对那些在社会交往中公正对待自己的人有共情。但这种共情反应,在面对不公正对待自己的人时不会被激活,或者激活强度很弱。这项研究可能表明,共情和正义之间存在紧密的神经学关联。这种关联在人类身上尤为明显,也可能存在于其他物种中。正义还可能与镜像神经元相关。我们注意到,当要分享游戏意图时,镜像神经元参与其中,游戏的感染力也与它相关。这些吸引人的线索,正在呼唤进一步的研究。

利他和共情也很有可能是紧密相关的,因为它们有共同的进化历史和相似的机制。社会心理学家丹尼尔·巴特森(Daniel Batson)曾指出,共情反应是利他行为的一个核心机制。相当多的心理学家支持巴特森提出的"共情—利他假说"(empathy-altruism hypothesis)。共情和利他在其他动物身上是否有相似的联系,仍是一个悬而未决的问题,但是解释的简单性考虑支持肯定答案。而且,回想一下有关动物共情的研究,在许多案例里,我们都可以看到,我们观察到的行为同时也属于合作的行为簇。回忆一下伊恩·道格拉斯–汉密尔顿讲述的巴比尔的故事,同群的大象不仅同情它的遭遇,还试着帮助它。水槽里的小鼠案例也是如此,小鼠不仅认识到其他动物的困境,还会寻找方式助其脱困。

很明显,三个行为簇似乎交织成了一个完整的整体,就像一幅华丽的挂毯上有不同颜色与质地的线那样。新的研究将会继续填充细节,加深并细化这幅图景。

应向何处去?

读过上述章节,你有可能会觉得,自己正在思考一些实质上不那么科学,反而更接近哲学的问题。如果动物真的拥有道德,这会在何种意义上改变我们对人类伦理学的理解?如果道德真的"源于自然",这是否会降低道德的真实性,或者降低它的约束力?那些声称道德根植于宗教信念的人又会有何看法?动物是否也有宗教?我们的道德系统,和动物社会中发现的道德系统,真的没有任何重要的区别吗?

在前面五章,我们一直想将关注点集中在支持动物有道德这一假说的科学证据上。但是,另一类问题——哲学问题——一直在背后若隐若现,就好像一头大象就在屋里,我们却拒不承认。我们故意模糊大象的存在,这样一来,我们就能够真正聚焦于那些支持动物道德行为的科学证据。但这些额外的问题,这些哲学考量,实际上也非常重要。接下来,我们会将注意力转向"野兽正义"的一些哲学蕴涵。

第六章
动物道德与反对意见
一个新综合

像我们在序言里承诺的那样,对野兽正义的恰当论述,会让我们经历一个翻山越谷、曲折迂回的旅程。那么,要怎样才能将这些见闻拼成一幅完整的图景呢?

蝙蝠助产士的案例

著名的生物学家托马斯·孔兹(Thomas Kunz)和他在波士顿大学的研究团队,曾经在声望卓著的《动物学杂志》(Journal of Zoology)上发表一项令人惊讶的重要成果。在佛罗里达州的盖恩斯维尔,他们对一群罗德里格斯果蝠进行观察。有趣的是,他们看到一只雌蝙蝠帮助另一只蝙蝠生产。一只怀孕的雌蝙蝠以典型的姿势倒挂着,头朝下,脚朝上。然而,在生产过程中,它需要调换成头上脚下的姿势。这时,另一只助产士蝙蝠落在怀孕的蝙蝠面前,展示着正确的姿势,就好像在教它该怎么做,如何用正确的姿势生产。怀孕的蝙蝠照着它的样子做了。然后,助产士蝙蝠会舔这位准蝙蝠妈妈的生殖区域。小蝙蝠生产出来后,助产士还会帮它梳洗,帮助它爬向母亲的乳头,这样,蝙蝠母亲就可以喂它了。孔兹总结道:"这种合作行为可能在群居栖息的蝙蝠中很常见。"[1]只不过,很少有人能真正看到蝙蝠隐秘的生产过程。重要的是,助产士蝙蝠和蝙蝠妈妈并没有什么更紧密的联系。助产士蝙蝠为什么要提供帮助呢?它这么做能获得什么?它理解这只蝙蝠妈妈需要帮助吗?抑或,它这么做,乃是因为这是正确的,是道德上的善事?难道它是一个翼手目的哲学家?

野兽正义提出了一系列哲学问题,包括我们该怎样理解道德,以及怎样理解动物。这里的"哲学"一词,含义相对简单,指那些对基础性的"大问题"的探究,而这些"大问题"往往和自然的本性或人类该怎样行止相关。我们对道德哲学尤其感兴趣,这意味着要对道德领域进行哲学探究。当涉及对与错、善与恶、人生的意义等问题的时候,科学能够提供的帮助还相当有限。

这一章的目的,不是要对动物道德的哲学蕴涵进行彻底的讨论,这也不在我们的议程里。我们只想提纲挈领地列举出那些我们认为最有意思的问题,正是这些问题,常常激起人们进一步谈论的兴致。在大学校园、专业学术会议、咖啡店或者宠物市场，我们都可以听到热烈的争论。

我们不断呼吁人类与其他动物之间进化连续性的重要性，从而获得结论，人类不是道德舞台上唯一的演员。这是贯穿本书的一条线索。在为道德行为的连续性呼吁的时候，野兽正义似乎会危及人类在自然界中独特的、高高在上的地位。进而，又会给涉及人类尊严和权利的观念带来威胁。野兽正义也会给生物学和伦理学的一些交叉研究带来困扰，特别是那些事实和价值混杂的领域。比如，是否可以（以及如何）用进化论来理解、分析人类的社会行为模式？我们是否应该从人文学者手里完全接管道德问题？这些问题完全属于生物学范畴吗？在我们描绘的图景里，动物们有着丰富的认知生活、情感生活和社会生活。野兽正义要求我们重新考虑如何对待动物，包括那些用于研究、教育、食物、衣物，或其他各种用途的动物。

有些重要哲学问题的产生和我们对道德的定义有关，因为我们扩展了这个概念，使得它包括一些非人类动物。把一些非人类动物纳入道德的范围后，我们建议重新考虑道德的核心要素。过去，人们假定这些要素包括反思性判断、能动性（agency）和良心。在《野兽正义》所倡导的道德图景里，能动性和良心只是一幅更宏阔、更有趣的图景中的小部分内容。道德的意义也需要参照一些新近出现的、视野更广的跨学科研究成果来加以发展。除了要确定哪些能力是道德的必要构件以外，我们还需要知道，动物是否（以及在何种意义上）具有这些能力。

道德的意义：恰当地对待动物

我们用相对宽泛的术语来定义道德，即把道德定义为是一组和他者相关的行为，它们可以粗略地分为三簇，分别是合作、共情和公平。这个定义比较宽泛，因为许多社会性动物的行为都可以包括进来，而不仅仅只是人类行为。我们会不会因为把这个概念定义得过分宽泛而冲淡它的意义呢？回到讨论共情的那一章，考虑斯蒂芬妮·普雷斯顿和弗朗斯·德瓦尔讨论共情的方式，他们将共情定义为行为模式的谱系，情感联系是这些行为具有的一个共同特征。他们对"共情"的提炼并没有稀释这个概念，反而使得共情的概念更具体、更可把握、也更有意义。"道德"也一样，它并不是一种单一的现象，因此，给它一个宽泛些的描述以容纳它的多样性和范围，只会赋予它更丰富的意义，而不会减损它的意义。道德也是行为的谱系，它们的共同特征是关乎他者的福祉。我们撒下了一张巨大的拖网，试图网住一切有价值的东西。道德确实就是如此：你不能指望用一张很小的网就可以捕住猎物。它不是一条不起眼的米诺鱼，而是一整片大海里的众多生物。

有些人可能会拒斥我们对道德的定义。他们抗拒的原因可能并不仅是这个定义太宽了，而是因为这个定义包括非人类动物之后会产生的哲学蕴涵。道德并不是人类独有的，这个观念可能让很多人觉得吃惊或者生疑，因为它对一些认为人类有独特性的假设构成挑战。

区分种类差异和程度差异

总览本书，我们都在强调进化的连续性，并且尝试论证，人类和其他社会性哺乳动物共享基本的道德行为，即公平、合作以及共情。我们已经表明，从简单的行为模式到复杂的行为模式，道德可能是以连续的方式存在其中。有理由认为，道德有多个嵌套着的复杂性和独特性逐步增加的层级，就像普雷斯顿和德瓦尔所讲的共情的俄罗斯套娃模型。很有可能，人类和其他社会性动物共享一些内层的道德行为。不过，人类也确实进化出了高层次的道德复杂性。

人类和动物究竟有多大的差异？对这个问题的回答，往往沿用达尔文式的语言表达，动物和人类要么有种类差异，要么只有程度差异。进化论者的回答是"只有程度差异"。所有的哺乳动物都有共同的起源，后来，在应对环境压力的过程中逐渐分化。不过，有一些采纳了进化论观点的人，也倾向将动物排除在道德的舞台之外。讨论道德问题的时候，人类长期以来一直被认为是不同的种类，与其他动物之间不只是程度差异。简言之，"我们"有道德，"它们"没有。这种头脑狭隘的假定显然需要重新审视。在《野兽正义》里，我们一直在论证，动物道德和人类道德只有程度差异，没有种类差异。将道德定义得比较狭窄，当然就可以把动物排除在外。不过，我们宁愿采纳一种物种相对主义的进路，从一个宽泛的、更具包容性的定义开始，然后逐步澄清每一个物种独有的道德行为模式。

那么，什么模式是人类独有的呢？哈佛大学的哲学家克里斯蒂娜·科斯嘉（Christine Korsgaard）主张，评估和采纳一个意图，以及对某一特定行动在道德上是不是得到辩护做出判断，这是人类独有的能力，代表着人类和动物先祖的分道扬镳。人类的前额叶，即大脑中负责判断和理性思考的区域，相比动物来说**发达得多**。因为有判断和理性的思想（常被称作**理性**），我们对自己的行动基础有自我意识，也相应地获得了自我约束和有意识地进行行为控制的能力。我们对自己的信念和行动的基础有意识，这种意识就是理性的来源，它是一种区别于智能的能力。"规范性的自我约束能力，以及与之相伴随的深层的意图控制能力，可能是人类独有的。道德的本质正是在于这一能力——对我们应当做什么形成判断并根据判断去行动的能力——的恰当运用，而不是奠基于利他主义或者对更大的善的追求。"[2]正是因为动物缺乏这种反思性的自我控制能力，我们不认为它们能够为行为负责。如果它们出于强烈的冲动而行事，我们也不认为它们在道德上应受谴责。

人类也会使用语言来表达和施加道德规范，这是另一个可能的种类差异。正如罗宾·邓巴(Robin Dunbar)关于流言和名誉的工作所揭示的那样，语言和道德是紧密关联的。邓巴在英国牛津大学的认知和进化人类学研究所工作，他认为，语言在其起源之初就是评价性的，人们用它来交流关于彼此的重要社会信息。比如，谁值得信任，谁会投桃报李。我们会用语言公开表达愤怒、蔑视、赞许。但是，语言是否把人类和其他动物区分开来了呢？人类学家特伦斯·迪肯(Terrence Deacon)认为是这样的。在其著作《符号生物》(*The Symbolic Species*)里，迪肯认为，尽管人类和非人类动物的心灵的连续性没有断裂，但两者之间确实也有独特的、不连续的地方：人类用语言来交流。语言的使用从此改变了我们的大脑。迪肯写道："我们的远祖开始使用符号进行指称的时候，就深刻地改变了自然选择影响我们大脑的进化进程。"[3]如果我们的大脑有重要的差异，并且道德本质上就是大脑的产品，难道我们就不能在这方面是独特的吗？动物也会就道德进行交流，不过不是使用语言。这应该成为比较研究的重要主题。

即便存在一些真实的种类差异，这也不意味着道德的一些方面不能被共享，或者说道德的某些重要方面就不能是连续的。我们认为，那些可能具有独特性的能力(语言、判断)是俄罗斯套娃的外层，是进化上相对晚近地添加到道德行为之上的。尽管这些能力可能使得人类道德更为独特，但它们都奠基于更深层、更广泛、进化上也更为古老的那些内层道德行为。我们和动物共享这些道德行为。

独特性

许多人对于动物道德的说法心存疑虑，因为这似乎对人类的独特性造成威胁。这类担心有几种不同的表现形式。比如，许多基督教神学家认为，人类和其他造物之间有不可跨越的鸿沟，因为人类是根据神的形象创造的，而动物们不是。对神学家来说，尊重这种教义上的区别是重要的。许多哲学家相信，人类的独特性奠定了人类尊严的基础，这也构成我们保护某类人群的理由，比如婴儿和一些有严重精神损伤的人，否则这些人就可能遭受非人的待遇（换句话说，就像动物一样）。有些人可能认为，有必要维护人类的独特性，或者人类和动物的差异，因为这可以为人类的一些行为辩护，比如，为在科学研究中使用动物提供伦理辩护。

为了平息这些担忧，我们提供两个简短的评论。首先，认为将道德赋予动物会使得我们丧失对一些弱势人群或"边缘"人群的尊重，这种想法颇为奇怪，完全不合逻辑。动物有道德并不对人类的独特性构成威胁,也不会对弱势人群构成威胁。事实上,我们所建议的比较研究会有利于澄清和阐明我们的独特性。尽管人类和动物有进化上的连续性,但也存在差异。我们能够弄清楚这些差异是什么,而且,仍然可以为这些差异感到自豪,甚至以之为基础建立维护人类尊严的原则。

其次,人类的独特性,就论题来说,在逻辑上并不能为动物的工具性使用提供伦理辩护,也并不存在这样一条明显的逻辑路径。尽管人们常常利用人类的独特性来开展论证,但这不意味着这个思路就是合乎逻辑的。人类有高贵的尊严并不意味着动物就没有尊严。

独特性的确值得颂扬,它可以帮助我们更深刻地理解他人,与他人共情。每个生物物种都有独特的特征,这些特征往往会提高它们的适应性,有些尤其值得我们研究。每个人都是独特的,有独特的物理特征、独特的个性、独特的生活经验,动物个体也如此。每一位狗的主人或猫的主人都知道,他们养的狗或猫,都各不一样。在物种内部,个体之间有重要的行为差异和倾向差异,我们人类称之为人格或个性。对我们来说,蝙蝠都长得一个样,但对蝙蝠来说,每一只蝙蝠都是独特的个体。在进行动物行为学研究或者考虑动物福利问题的时候,比如动物需要什么才能健康愉快,我们始终要把个体差异放在心里。

动物具有道德生物的特征吗？

对野兽正义的一些可能反驳，常常围绕一个议题展开，即动物是否具有某些技能或能力，这些技能或能力被视为道德必不可少的要素。下面是一些例子：

（1）动物还没有聪明到有道德的地步；
（2）动物没有道德情感，因此没有道德；
（3）动物没有同情心，因此没有道德；
（4）动物没有理性，因此没有道德；
（5）动物没有反思性判断，因此没有道德；
（6）动物不是道德能动者，因此没有道德；
（7）动物没有良心，因此没有道德。

我们已经讨论并反驳了前面四个假设。动物显然具有道德所需要的认知能力和情感能力，也展示出了共情和理性思考。我们也讨论了第(5)个例子，即动物没有反思性判断，我们承认这可能是人类和动物之间的一个真实差异，不过，我们不认为反思性判断是道德行为的前提。

现在，让我们考虑下最后两个例子，能动性和良心。乍看起来，这两个反驳像是两个科学反驳，事实上，在哲学文献里，人们常常把它们表达成是基于科学的反驳。两个反驳的立论，都基于对动物究竟如何的判断，即动物没有能动性或动物没有良心。你可能会想，"是的，这当然说得很对"，但是，请注意,这两个反驳都包含一个关于道德究竟如何的隐含性断言,即能动性和良心是道德的本质性构成要素。

道德究竟蕴涵什么?做出类似的判断一定要小心,因为事实已经表明,许多这样的判断都是错的。关于道德的定义性特征的问题,既是科学问题,在深层的方面也是哲学问题。尽管著名的生物学家爱德华·O.威尔逊曾声称:"科学家和人文学者都应该考虑这种可能性,我们至少应该暂时把伦理学从哲学家手里接管过来,将它生物学化。"4作为本书的作者,一个科学家和一个哲学家,我们并不认为道德是或者应该归属生物学范畴。

能动性和良心的概念都没有直截了当的科学定义。它们本质上都是哲学概念,它们的意义仍然是开放的,人们的意见分歧多于共识。它们在动物身上的应用,尤其充满争议;我们当然不能绝对地把动物排除在外。因为还富于争议,我们或许可以给这些过分素朴的主张补充几个值得讨论的问题:良心对于道德行为起着何种程度的作用?动物究竟展现了哪种类型的能动性?它们都和道德行为相关吗? 这样,我们就有了一些有趣且重要的问题,它们能将未来的研究导向动物道德和人类道德的议题。

道德能动者：动物能为其行为负责吗？

当我们在公开报告的场合谈论动物道德的时候，观众最喜欢提的一个问题就是动物是否是道德能动者（moral agent），它们有道德能动性吗？"能动者"是一个哲学概念，它的基本意思是能够自由行动，或者用一个更哲学些的表达，能够自主行动。说一个人是一个道德能动者，就是说他能自由地选择以某种方式行动，以应对某个道德困境。当我们声称动物也有道德的时候，许多人就因而认定，我们也在主张动物能够成为道德能动者。

绝大多数的西方哲学解释都认为，动物不能成为道德能动者，因为它们的行为仅由本能所驱使。然而，说动物的行为仅仅出于本能，这一点并不完全正确，因此，我们可能也需要某种动物的道德能动者概念。实际上，说人类的行为是"自主的"，这一点也不完全对，因而，人类道德能动者的概念，或许也需要根据脑神经科学和认知心理学的最新研究来加以发展。

因为人们常常利用能动性这个理由，来将动物排除在道德考虑之外，我们就需要特别仔细地对待这个概念。在最一般的意义上，能动性是一个需要重新思考的议题。哪怕是一些相信动物能够展示道德行为的有识之士，也可能不愿意走出更远的一步，相信动物能够是道德能动者。我们的建议是，这一步其实并不那么远,也没有什么特别要克服的困难。用哲学行话说,一个道德能动者指一个能自由地选择以某种方式行动的人,他也因而能对自己的行动负责。**道德能动者**通常和**道德承受者**(moral patient)相对。能动者／承受者这一对概念是为了将那些能做出道德选择和那些不能做出道德选择的人区分开来,它们为谈论行动责任(或不作为)的归属提供了便利。动物、人类婴儿还有那些有严重认知能力损伤的人们,通常被划分为承受者,被当作是没有能力做出道德选择、也没有能力承担道德责任的个体。能动者和承受者这一划分,尽管在一些特定的语境里颇有帮助,但也有产生误导的地方。

声称动物也有道德能动性,这当然不是说动物的道德能动性完全和人类一样。保罗·夏皮罗正确地指出:"在人类是道德能动者的意义上,断言动物也是**同样意义**的道德能动者,这当然是头脑简单的想法。"[5] 道德能动性是物种特定的(species-specific),也是语境特定的(context-specific)。动物只在它们自己的社群这个**限制性的语境**里才是道德能动者。基于对特定社会交往的丰富情感和认知理解,它们有塑造自己行为的能力,以便恰当地对待彼此的行为反应。狼的道德反映了狼的行为法则,它们在一个特定的狼群里规范狼的行为。狼仅仅在这个语境里是道德能动者。狼捕食一只麋鹿的行为没有什么道德与否可言,它不是值得谴责或赞扬的行为。

动物也在社会事务中做出主动选择,包括是否帮助他者。斯坦利·韦奇金的猴子,罗素·丘奇的大鼠,还有克里斯蒂娜·德雷亚的鬣狗,它们都做出了选择,要不要拉绳子,要不要推手柄,要不要帮助他者。托马斯·孔兹的助产士蝙蝠也一样,它需要做出选择,究竟要不要帮助那只痛苦的同伴。有行为的灵活性和可塑性的地方,就有选择,就有能动性。道德动物之所以不包括昆虫,理由就在此,因为从已掌握的证据来看,它们的行为模式都比较严格,它们并不像社会性哺乳动物那样做出"选择"。这也是为什么我们会为道德动物设置一些门槛性要求:灵活性、可塑性、情感复杂性以及一组特定的认知能力。

甚至有些本能行为或条件行为(conditioned behavior)也可以算作道德行为。研究表明,许多人类的道德行为是本能行为或条件行为。认为人类只在那些基于抽象道德考虑来行动的少数案例里才成为道德能动者的观点是荒谬的。我们应当记住,父母和教师花了很大力气,就是要培养孩子们恰当的条件行为,包括在特定的条件下以道德的方式行事。

尽管我们乐意说动物是道德能动者,不过,我们相信,能动者／承受者之类的用语徒然滋长哲学上的混乱,关于动物道德的讨论应该避免使用它们。

达尔文的猎犬：作为道德指针的良心

查尔斯·达尔文主张，任何具有"明显的社会本能"的动物，都能生发出良知感（sense of conscience）。在《人类的由来及性选择》中，达尔文写道："除了爱和同情，动物还展示出其他和社会本能相联系的特质，在人类社会中，这被人们称为道德。我同意阿加西斯（Agassiz）的看法，狗也有某种良心。"6达尔文相信，动物有"自我命令的能力"，因为它们可以选择某个行动而放弃另一个。他还指出，在某些时候，它们会因竞争冲动而产生内心的挣扎。良心被达尔文描述为一种"向内的监视器"，它告诉动物，究竟跟随哪一种冲动会更好。比如，狗可以克制自己，不去偷吃柜子里的食物，哪怕主人并不在场。"有一条路是应该遵循的，而另一条不是；有些行为是对的，而另一些则是错的。"7

控制冲动当然是道德行为的重要构成要素。道德心理学家，比如劳伦斯·科尔贝格（Lawrence Kohlberg），一直认为，幼儿控制冲动能力的发育对于成熟道德能力的发育特别重要。同样清楚的是，在我们的道德分类谱系中的动物，也有控制冲动的能力。尚不清楚的是，控制冲动和良心是不是一回事，或者冲动控制能力对于成熟的道德行为是否充分。自然，我们也还不知道，除了人类以外，别的动物是否也有良心。

论及人类的时候，著名的动物行为学家罗伯特·欣德（Robert Hinde)在他的书《善之为善》(*Why Good is Good*)里写道,具有"好良心"意味着一个人的行动要和"自我系统"(即内化的一个特定社会的道德规范)保持一致。他说:"道德判断……依赖于将自我系统中所吸纳的价值和观察到的行为或打算做的行为进行比较。"[8]至少某些物种的动物(即我们所说的道德动物)是有"良心"的,这里的"良心"是指具有内化的道德规则。在这些动物身上,某些自我监控的行为确实发生了。

另一方面,良心可能是某种特别的东西,既不仅是控制冲动,也不只是一组关乎善恶规范的内化。人类学家克里斯托弗·博姆(Christopher Boehm)关于社会惩罚和人类良心起源的著作,提示我们动物良心的问题可能有着不一样的答案。根据博姆的判断,道德良心是人类独有的能力,而且,良心乃是道德的核心构成部分。他的假设是,良心是智人在从更新世的中期向晚期转变的过程中,为维持生存而不得不采取大型合作捕猎,才逐步进化出来的东西。博姆还主张,大型捕猎要求高度的合作,以及在群体中对肉类进行公平分配,它们都会通过社会惩罚系统得以强化。正如博姆所说:"成员必须联合起来对付那些害群之马,以保证足够公平的肉类分配,因此一套系统性的、决定性的群体社会控制发展了起来。"[9]他继续写道:"(这)设置了道德进一步发展的舞台,后者是一种新类型的个体自我控制,这种个体自我控制对社会敏感,它使得个体能够更适应这些有惩罚机制的社群的生活。"因此,先有良心,再有道德。

博姆继续论证道："正是因为拥有基于自我判断的良心，使得我们格外'道德'，也使得羞愧成为我们的良心的独特表现。黑猩猩和倭黑猩猩从来不会体验到因社会因素引起的脸红，也没有任何和羞愧的情感相关的外部表现，因而，也没有明显的特定道德情感的预适应。"神经科学家安东尼奥·达马西奥的工作也证实，良心在人类身上得到了充分发展。我们的大脑前额叶，标志着我们在自我控制、自我评估、做出预测等领域有高度发达的能力。

尽管良心无疑是人类道德的构成要素，但我们并不确信这是人类和其他动物之间的"种类差异"。良心的某些关联项是否在其他社会哺乳动物那里也能发现？良心是不是道德行为的先决条件？这些问题仍然是开放性的，值得更深入的探究。博姆的工作对于未来关于良心和动物道德的研究可能会有价值：我们是不是应该去那些进行合作捕猎的社会性哺乳动物那里寻找良心和道德，比如狼？除了肉类的分配，"系统性的、决定性的群体社会控制"是否还有可能在其他的进化场景中起到重要作用？

道德的物种相对主义不等于"怎么都行"

当人们听到我们说道德是相对于物种时,他们容易认为,我们采取了一种哲学上的道德相对主义。根据道德相对主义的观点,在道德上没有什么绝对的东西,善与恶不过是一种特定文化里的约定,或者是某一个体的偏好。道德的物种相对主义只不过说,我们并不根据那些我们认为在人类社会为真的道德标准,来看待和判断狼的道德或大象的道德。狼的道德是狼独有的,我们并不对它指手画脚。我们只是描述、观察,并且尝试理解。普遍共享的行为模式会在每一个物种、每一个个体身上以独特的方式表达出来。

为了澄清我们的立场,不妨从哲学家那里借用一个区分,即他们在道德的描述性解释和道德的规范性解释之间做出的区分。在描述性解释的意义上,道德就是指一个社会为了引导其成员的行为而提出的一些行为规范。这一定义并不包含具体的内容,它与某一种行为或规范的正确与错误无关。我们在此书里所做的工作,就是要给动物的道德行为提供一个描述性的解释。

另一方面,我们的道德定义确实有规范性要素。换句话说,关于什么行为道德,什么行为不道德,我们说了一些具体的事情。道德行为是虑及他者的行为,也是亲社会的行为;道德行为是通过避免伤害和提供帮助来促进和谐共存的行为。调节社会互动的行为规范在人类社会和动物社会里以相似的方式起作用。这些规范看起来是普遍性的:在那些体现道德行为的动物社会里,我们可以发现同样的行为类型和行为表现。

我们为物种相对的、情境化的道德提供了论证(请注意,社会规范的理解和表达可能在物种内部也存在差异)。从道德的物种相对主义解释,绝对推不出道德相对主义;后者主张,道德纯粹是相对的,没有什么客观的行为标准,也没有什么道德真理可以自许更好地表达我们共同的热望和能力。对人类来讲,仅仅说道德是一组维系社会和谐的社会安排当然还远远不够。某种社会安排或能允许一定程度的均衡,但它可能对社会的某个构成部分不够公正,或者对另一个部分过于严酷,或者过于鼓励排外。民权运动和妇女选举权运动都对主流的社会安排构成了挑战。两个运动都破坏了社会和谐,但我们倾向认为,它们是积极的,经过这些内部斗争,我们的社会在一些重要方面得到了发展。

道德的进化论进路可以帮助我们应对相对主义,因为核心的行为模式在所有的人类社会都可以发现,而且,在自然的动物社会里也随处可见。这些核心的行为模式可能在很大程度上是本能性的,或者遗传的。正是这些行为模式,可以产生普遍的法则,比如本能性的共情或利他反应。其他一些更具物种相对性的法则可能具有文化或地域的特征。不管是普遍法则,还是道德的革新,都有一定的空间。

虽然我们在《野兽正义》里引述的许多材料对于理解人类道德行为都有启发,不过要注意,我们不是要建立一个人类道德的系谱学,我们也没有针对人类道德的起源或为什么有些道德规范有跨文化和跨时空的特点之类的问题提出任何假设。我们提出了一些论证,想表明道德是什么和不是什么,也提出了这一主张,即西方哲学传统为道德提供的解释在一些重要的方面过时了,比如将过多的意志和意图赋予给了道德行为。确实,《野兽正义》所依赖的许多研究对于思考人类道德都有重要意义,我们也在一些地方提到了关于人类的共情、利他和公平感的研究,这些研究也有助于理解动物的行为。但是,我们一直想严格限制目标,我们的兴趣仅仅限于动物,以及在动物社会里起作用的道德系统。关心人类道德进化的读者,可以去阅读那些讨论人类的合作和人类道德行为进化的著作(参见本章第一个注释)。

动物的对与错

野兽正义产生的最显然的问题和我们对动物的伦理责任有关。将道德归属给动物,是不是意味着需要重新思考我们对于动物的伦理责任?

我们应怎样对待动物？或者我们和动物的关系应该是怎样的？这些问题的结论不能必然地从关于动物道德的科学发现或描述中得出来。根据形式逻辑的规则，一个科学描述不能产生一个道德律令。我们可以很轻松地说"动物有道德"，但仍然待它们一如往常。不近人情的逻辑，在许多地方都导致了动物的悲惨境遇。

值得注意的是，现代科学研究对动物的利用以及动物的工业化养殖的正当性来自对动物的科学描述。人们常常认为，动物没有复杂的思想和丰富的情感生活，这是一个基本的科学事实。因而，根据陈旧的逻辑，我们按照自己乐意的方式对待动物，这在道德上无可指摘。在过去的十余年里，关于动物认知能力和情感能力的科学描述发生了翻天覆地的变化，事实表明，旧逻辑已经行不通了。在应该如何对待动物这个问题上，新逻辑会产生一些强烈的限制。

科学上准确的描述可以改变我们对世界的认知，也因而可以改变我们的伦理反应。马丁·霍夫曼（Martin Hoffman），一个毕生致力于共情研究的心理学家，他相信，正是通过对世界的真实感知和细致分辨，共情的天性逐渐发育成熟，愈趋深切、稳定，范围也更加宽广。换句话说，我们对世界的感知在认知上越复杂，我们的共情程度就越深，也越加准确。有趣的是，共情性的理解还会导向批判性推理和道德推理。对动物生活更仔细的、科学的描述还会让我们对动物的需求更加敏感。如果我们将动物理解为是有丰富的情感生活和社会生活的物种——正如我们可以深切地感受到同类的情感，和家人、朋友有紧密的情感联系——那么，我们与动物共情的能力也许会得以增强，我们可以更好地理解动物的情感，特别是它们所经历的痛苦。

走向新的综合：关于一门新科学的评论

现在，我们要走向《野兽正义》一书的尾声，同时，也希望借此开启另一个充满希望的研究方向。

随着此书逐步展开，我们慢慢意识到，我们着手做的事极其重要。我们都在动物行为学领域进行深入研究，虽然理由不完全相同。在这个研究议题上，我们的合作很愉快。我们都没有刻意去动物当中寻找道德行为。然而，对我们来讲，动物行为学的文献提供了太多让人着迷的证据，完全没办法忽视它们。同时，我们也意识到，有些读者可能会认为，我们在面对这些证据时似乎迈出了很激进的一步，它激进到有可能损害我们的学术声誉。我们都有如履薄冰之感，但是，我们一致认为，迈出这一步的收益要远远大于它的风险。在过去的几年里，关于动物道德以及人类道德起源的问题，人们的兴趣正在增长。毫无疑问，关于野兽正义的兴趣也会不断增长。

我们不是从一个道德的定义开始,然后筛选材料,找出那些符合描述的行为,而是从数量巨大的关于动物行为的经验性描述材料开始,让事实材料说话,让动物自己"说话"。充分了解材料之后,我们才提出这一假设:有些动物展示的许多行为,从整体上来看,构成了一个道德系统。有些核心的行为是很多物种共同的,包括人类,这些行为可以很自然地分为三簇:公平行为、合作和利他行为,还有共情行为。在每一簇行为里,以及它们所构成的整体的道德,我们都看到了一个从简单到复杂的行为谱系。

关于动物道德、动物的社会行为,以及它们的认知和情感基础的知识,相对而言,都还不够成熟。动物行为学、生物学领域正在持续进行的一些工作,应该会解开越来越多的科学谜团。同时,对于人类道德的神经基础,我们了解得也越来越多,这会给一些经久不息的哲学争论带来新的启发,比如情感和认知对于道德行为究竟起了什么作用。动物行为学家、神经生物学家、认知心理学家和其他一些领域的科学家,已经开始和哲学家、神学家进行合作,一起探究这门新科学的内涵。对于如何理解人类和人类的动物近亲来说,这些工作可能会开启新的革命和新的综合。

要更好地理解动物的道德生活,还有许多工作要做,这也是动物道德的问题让人着迷的原因。正如大多数研究一样,或许,这是一项永远都不能完成的工作,因为一些问题的答案总是产生更多的问题。在研究之初,我们要特别注意一些重要的细节,特别是动物在不同社会场景中的行为差异。我们也要让个体能够表达它们在各种社会遭际中使用的行为模式。在某种意义上,我们就好像要对动物进行采访,以便能够深入了解那些它们和人类共享的故事。非常确定,其他物种的动物总会保持某些神秘难解之处。不过,它们的绝大多数行为都可以公开观察,我们可以听见它们的声音、看到它们的动作。新研究会打开更多的动物世界的大门,向我们展示那些超乎目前想象的动物世界。这一探索方向上的许多问题很有可能会得到解答,虽然拼图仍会有些缺失的小块,不过,越来越多的证据和新发现,会帮助我们窥见整幅图画的全貌。目前来看,可以毫无疑问地讲,许多动物也是道德生物。我们不是道德舞台上唯一的演员。认为道德是人类独有的,这种观点过于狭隘,也不正确。

回到起点

让我们回到开始的地方。一头年轻的母象,正在护理自己受伤的腿,另一头喧闹的年轻公象,满怀激素产生的热情,走来将母象撞倒在地。见此情形,另一头年长些的母象,将公象赶走,然后回到年轻母象的身边,并用鼻子触摸它受伤的腿。在南非的夸祖鲁纳塔省,11头大象齐心协力营救一群被俘获的羚羊。象群的雌性首领用鼻子逐个打开围栏门上锁的拴链,让羚羊逃跑。笼里的一只大鼠,看到同伴受到电击,会拒绝拉控制杆来获得食物。一只雄性的狄安娜长尾猴在学会将塑料币投进投币口取食后,会帮助还没有学会这个技能的雌猴投入塑料币以获得食物奖励。一只雌性果蝠帮助另一只正要生产的雌蝙蝠,给它示范恰当的垂挂方式。有只叫莉比的猫,会引导它上了年纪的同伴——叫作卡修的又聋又哑的狗——避开障碍,并找到食物。在荷兰阿纳姆动物园,一群黑猩猩会惩罚晚餐迟到的同伴,因为只有大家都到齐了才能吃上晚餐。一只大型公狗,它想和另一只更年轻、也更温顺的狗玩耍。它轻轻地咬自己的年轻同伴,也会允许对方轻轻地咬自己。这些案例是否表明动物展示了道德行为,表明动物也有同情心,可以共情、利他,以及富有正义感?动物有某种和道德相关的智能吗?是的,它们真的有。

致 谢

我们感谢克丽斯蒂·亨利(Christie Henry)对此研究项目做出的贡献,她太棒了。德米特里·桑德贝克(Dmitri Sandbeck)和皮特·贝蒂(Pete Beatty)对此书的准备多有帮助,凯特·弗伦策尔(Kate Frentzel)出色地完成了文案编辑工作,利瓦伊·斯塔尔(Levi Stahl)帮助我们完成了公关工作。多年来,马克与科林·艾伦(Colin Allen)、戴尔·贾米森(Dale Jamieson)、唐纳德·格里芬(Donald Griffin)、简·古道尔、苏珊·汤森(Susan Townsend)、迈克尔·勒莫尼克(Michael Lemonick)、布鲁斯·戈特利布(Bruce Gottlieb)、戴维·哈特菲尔德(David Hartfield)、克里斯蒂娜·考德威尔(Christine Caldwell)、玛乔丽·贝科夫(Marjorie Bekoff)、罗伯特·阿德勒(Robert Adler)等人的深入交谈,还有与博尔德县监狱(the Boulder County Jail)里某位男士的对话,塑造了本书的基本想法。当然,他们不应该为自己的贡献受到任何指责。杰茜卡感谢那些乐于倾听并对《野兽正义》持开放态度的同事和朋友。她尤其感谢在艾伦斯帕克(科罗拉多)举行的ISEE/IAEP会议上的交谈,特别感谢贝勒·约翰逊(Baylor Johnson)关于能动者和其他哲学问题的长篇邮件通信。贝勒和一位匿名的审稿人对这本书的早期版本提供了非常有帮助的评论。托马斯·D. 曼格尔森热心地提供了三张照片,由衷地感谢他的慷慨帮助。感谢伊恩·道格拉斯-汉密尔顿和希瓦妮·巴拉,他们提供了格雷斯和埃莉诺的照片。我们还要感谢野生动物保护组织的琳内(Lynne)、玛戈(Margot)、里克(Rick)和我们偶尔的访客,他们帮助培育了《野兽正义》的种子;感谢罗杰(Roger)和亚历山德拉(Alexandra)的倾听、提问和阅读;感谢本杰明(Benjamin)非常有用的实践经验。最后,感谢克里斯(Chris)坚定不移的爱,感谢塞奇(Sage)的温柔。

注 释

序言

1. 第Ⅺ页　康奈尔大学的历史学家多米尼克·拉卡普拉曾说过,21世纪会是动物的世纪。在2008年2月6日,马克于新墨西哥大学进行了一场讲座之后,沃尔特·帕特南(Walter Putnam)将拉卡普拉的评论与马克联系在了一起。拉卡普拉教授对马克说:"你也许可以引用我的话,并将它归为新墨西哥大学讲座之后的一段评论。"(电子邮件通信,于2008年2月6日。)

2. 第Ⅻ页　《时代》杂志上的一则封面报道。参见 Jeffrey Kluger, "What Makes Us Moral?" *Time*, December 3, 2007, 54—60, http://www.time.com/time/specials/2007/article/0,28804,1685055_1685076_1686619,00.html。

3. 第ⅩⅢ页　就在本书将要完成的时候。参见 "Editorial: Survival of the Nicest," *New Scientist*, November 3, 2007; David Sloan Wilson and Edward O. Wilson, "Survival of the Selfless,"

New Scientist, November 3, 2007, 42—46。

第一章

1. 第 5 页　对黑猩猩进行了 25 年左右的研究。参见 Jane Goodall. *The Chimpanzees of Gombe: Patterns of Behavior* (Cambridge, MA: Harvard University Press, 1986), 357。

2. 第 13 页　谈到这种行为时。参见 B. Heinrich, *Mind of the Raven: Investigations and Adventures with Wolf-Birds* (New York: Cliff Street Books, 1999), 282.

3. 第 21 页　"动物世界里有很多英雄……"参见 W. T. Hornaday, *The Minds and Manners of Wild Animals* (New York: Charles Scribner's Sons, 1922), 243.

4. 第 21 页　"那家伙坏得不行……"参见 R. M. Sapolsky, *A Primate's Memoir* (New York: Touchstone Books, 2002), 234.

5. 第 23 页　2006 年对黑猩猩和人类暴力行为比率的研究。参见 Richard W. Wrangham, Michael Wilson, and Martin Muller, "Comparative Rates of Violence in Chimpanzees and Humans," *Primates* 47 (2006): 14—26 (21—22)。

6. 第 24 页　"cruelty 源于拉丁语 *crudelem*，指'道德上的粗暴'。"参见 V. Nell, "Cruelty's Rewards: The Gratifications of Perpetrators and Spectators," *Behavioral and Brain Sciences* 29 (2006): 211.

第二章

1. 第38页　2006年,《纽约时报》引用了镜像神经元研究者贾科莫·里佐拉蒂的话。参见Sandra Blakes-lee, "Cells That Read Minds," *New York Times*, January 10, 2006: http://www.nytimes.com/2006/01/10/science/10mirr.html?pagewanted=print. 也可参见V. Gallese, "Mirror Neurons: From Grasping to Language," *Consciousness Bulletin* (Fall 1998): 3—4; V. Gallese, P. F. Ferrari, E. Kohler, and L. Fogassi, "The Eyes, the Hand, and the Mind: Behavioral and Neurophysiological Aspects of Social Cognition," in *The Cognitive Animal*, ed. M. Bekoff, C. Allen, and G. M. Burghardt (Cambridge, MA: MIT Press, 2002), 451—61; V. Gallese and A. Goldman, "Mirror Neurons and the Simulation Theory of Mind-Reading," *Trends in Cognitive Science* 2 (1998):493—501。

2. 第38页　神经科学家V. S. 拉马钱德兰声称。参见Mirror neurons and imitation learning as the driving force behind "the great leap forward" in human evolution: http://www.edge.org/3rd_culture/ramachandran06/ramachandran06_index.html。

3. 第39页　总结了鲸类梭形细胞的重要性,参见http://lifeboat.com/ex/bios.lori.marino。

4. 第45页　"没有情感投入的研究是死板的……"参见George Schaller, "Feral and Free—An Interview with George

Schaller," *New Scientist*, April 5, 2007, 46—47。

5. 第45页 "我感到一种非常明确的亲近感……"参见 George Schaller, "Feral and Free—An Interview with George Schaller," *New Scientist*, April 5, 2007, 46—47。

6. 第51页 里德·蒙塔古提到尾状核。参见 Greg Miller, "Economic GameShows How the Brain Builds Trust," *Science* 308 (no. 5718): 36. http://www .sciencemag.org/cgi/content/summary/308/5718/36a。

7. 第52页 凯根指出:"并不存在大量无懈可击、相互关联的事实……"参见 J. Kagan, *Three Seductive Ideas* (Cambridge, MA: Harvard University Press, 1998): 11。

8. 第54页 正如萨里塔·西格尔所说:"我和猩猩……"参见 S. Siegel, "Reflections on Anthropomorphism in the Enchanted Forest," in *Thinking with Animals: New Perspectives on Anthropomorphism*, ed. L. Daston and G. Mitman (New York: Columbia University Press, 2005), 221。

9. 第55页 加拿大生物学家哈尔·怀特黑德的观点。参见 H. Whitehead, *Sperm Whales: Social Evolution in the Oceans* (Chicago: University of Chicago Press, 2004), 370—371。

10. 第55页 "是的,我们是人类,当我们描述……"出自 S. J. Gould, "A Lover's Quarrel," in *The Smile of a Dolphin: Remarkable Accounts of Animal Emotions*, ed. M. Bekoff (New York: Ran-

dom House/Discovery Books, 2000), 17。

11. 第56页 在《沙龙》杂志的一次采访中。参见Douglas Cruickshank, "Robert Sapolsky," http://dir.salon.com/story/people/conv/2001/05/14/sapolsky/index.html?pn=2。

12. 第63页 "个体做出的妥协……"参见R. Sussman and A. R. Chapman, eds., *The Origins and Nature of Sociality* (Chicago: Walter de Gruyter, Inc.), 10。

13. 第64页 罗伯特·萨波尔斯基的研究。参见Mark Shwartz, *Stanford Report*, March 7, 2007, http://news-service.stanford.edu/news/2007/march7/sapolskysr-030707。

14. 第64页 动物有多种维持社会秩序的方法。参见F. de Waal, *Good-Natured: The Origins of Right and Wrong in Humans and Other Animals* (Cambridge, MA: Harvard University Press, 1996), 207。

15. 第66页 杰罗姆·凯根写道:"[一般智能]的捍卫者……"参见J. Kagan, *Three Seductive Ideas* (Cambridge, MA: Harvard University Press, 1998), 52。

16. 第71页 保罗·莱豪森的研究。参见P. Leyhausen, *Cat Behavior* (New York: Garland, 1978)。

第三章

1. 第75页 他写道:"其他动物进化出这些倾向的原因……"

参见 Frans de Waal, "How Animals Do Business," *Scientific American* 292: 74, 76。

2. 第76页　在《互助论》中,克鲁泡特金表达了哀叹。参见 Peter Kropotkin, *Mutual Aid: A Factor of Evolution* (1902, reprinted 2006 by BiblioBazaar), 22。

3. 第77页　萨斯曼和他的同事们总结道:"在结成联盟……"参见 Robert W. Sussman, Paul A. Garber, and James M. Cheverud, "Importance of Cooperation and Affiliation in the Evolution of Primate Sociality," *American Journal of Physical Anthropology* 128 (2005): 92。

4. 第78页　"合作,"诺瓦克说,"是藏在公开的进化过程的背后的秘密……"参见 Martin A. Nowak, "Five Rules for the Evolution of Cooperation," *Science* 314 (2006): 1560—1563。

5. 第79页　德瓦尔强调了类似的观点。参见 Frans B. M. de Waal, "Morality and the Social Instincts: Continuity with the Other Primates" (*Tanner Lectures on Human Values*, Princeton University, November 19—20, 2003), 13。

6. 第80页　哲学家埃利奥特·索伯和进化论生物学家戴维·斯隆·威尔逊的看法。参见 E. Sober and D. S. Wilson, *Unto Others: The Evolution and Psychology of Unselfish Behavior* (Cambridge, MA: Harvard University Press, 1998), 17。

7. 第83页　谢利·泰勒有关人类的观察。参见 Shelley Tay-

lor, *The Tending Instinct: How Nurturing is Essential for Who We Are and How We Live* (New York: Henry Holt and Company, 2002), 13。

8. 第87页　戴维·斯隆·威尔逊和爱德华·O. 威尔逊的看法。参见 Nicholas Wade, "Taking a Cue from Ants on the Evolution of Humans," *New York Times*, July 15, 2008: http://www.nytimes.com/2008/07/15/science/15wils.html?_r=1&scp=1&sq=wade%20ants&st=cse&oref=slogin。

9. 第102页　神经生物学家雅克·潘克塞普的观点。参见 Taylor, *The Tending Instinct*, 82。

10. 第106页　"或者,应该将灵长类动物合作行为的认知内涵扩展到其他动物……"参见 Christine M. Drea and Laurence G. Frank, "The Social Complexity of Spotted Hyenas," in *Animal Social Complexity*, ed. F. B. M. de Waal and P. L. Tyack (Cambridge, MA: Harvard University Press, 2003), 121—148。

11. 第108页　布赖恩·黑尔的研究。参见"Social Tolerance Allows Bonobos to Outperform Chimpanzees on a Cooperative Task," *Science Daily*, March 9, 2007: http://www.sciencedaily.com/releases/2007/03/070308121928.htm。

12. 第109页　理查德·赫德森等人的研究。参见 R. E. Hudson, J. E. Aukema, C. Rispe, and D. Roze, "Altruism, cheating, and anticheater adaptations in cellular slime molds," *American Natu-*

ralist 160 (2002), 31。

第四章

1. 第114页　弗朗斯·德瓦尔对兰福德研究的评论。参见 Benedict Carey, "Message from Mouse to Mouse: I Feel Your Pain," *New York Times*, July 4, 2006。

2. 第114页　雅克·潘克塞普指出:"如果最终证明……"参见 Ishani Ganguli, "Mice Show Evidence of Empathy," *Scientist*, June 30, 2006: http://www.the-scientist.com/news/display/23764/。

3. 第117页　斯蒂芬妮·普雷斯顿和弗朗斯·德瓦尔的工作。参见 Stephanie D. Preston and Frans B. M. de Waal, "Empathy: Its Ultimate and Proximate Bases," *Behavioral and Brain Sciences* 25 (2002): 1—72。

4. 第121页　罗杰·海菲尔德在英国的《每日电讯报》中写道。参见 Roger Highfield, "Orangutans Share a Joke Too," *Telegraph*, December 12, 2007: http://www.telegraph.co.uk/earth/main.jhtml?xml=/earth/2007/12/12/scioran112.xml。

5. 第126页　达尔文讲述了许多故事。参见 Charles Darwin, *The Descent of Man and Selection in Relation to Sex* (New York: Penguin Classics, 1871/2004), 126。

6. 第126页　他总结道:"任何动物……"参见 Charles Darwin, *The Descent of Man and Selection in Relation to Sex*, 71—72。

7. 第129页　人类学家芭芭拉·J. 金讲述了蒂娜和泰山的故事。参见Barbara King, *Primatology.net*, January 31, 2007: http://primatology.net/2007/01/31/on-god-gorillas-and-the-evolution-of-religion/.

8. 第136页　伊恩·道格拉斯-汉密尔顿在野外观察到受伤的大象。参见Ian Douglas-Hamilton, S. Bhalla, G. Wittemyer, and F. Vollrath, "Behavioural Reactions of Elephants towards a Dying and Deceased Matriarch," *Applied Animal Behaviour Science* 100 (2006): 87—102。

9. 第139页　小象的黑犀牛朋友遭到猎杀。参见M. Ryan and P. Thornycraft, "Jumbos Mourn Black Rhino Killed by Poachers," *Sunday Independent*, November 18, 2007: http://www.sunday-independent.co.za/。

10. 第141页　布拉德肖和艾伦·肖尔的看法。参见Gay A. Bradshaw and Allan N. Schore, "How Elephants are Opening Doors: Developmental Neuroethology, Attachment, and Social Context," *Ethology* 113 (2007): 426—436。

11. 第145页　"如果我装哭……"出自Nadia Ladygina-Kohts: http://press.princeton.edu/chapters/s8240.html。

第五章

1. 第147页　"科学家发现,公平性为人类所独有。"出自De-

nise Gellene, "Fairness Is Only Human, Scientists Find," *Los Angeles Times*, October 5, 2007。

2. 第149页　博伊森指出:"对行为准则的偏离……"出自 Gellene, "Fairness Is Only Human, Scientists Find"。

3. 第149页　弗里德里克·朗格的研究。参见 Friederike Range, "Effort and Reward: Inequity Aversion in Domestic Dogs?" (Canine Science Forum, Budapest, Hungary, July 2008)。

4. 第150页　"有些狼是公平的……"出自 Robert C. Solomon, *A Passion for Justice* (Lanham, MD: Rowman & Littlefield, 1995), 141。

5. 第153页　基莉·哈姆林和她的同事的研究。参见 Helen Briggs, "Babies 'Show Social Intelligence'", *BBC News*, November 21, 2007: http://news.bbc.co.uk/2/hi/science/nature/7103804.stm. See also http://www. nature. com/news/2007/071121/full/news.2007.278.html。

6. 第169页　《人类的由来及性选择》一书。参见 Darwin, *The Descent of Man and Selection in Relation to Sex*, 69。

7. 第169页　动物行为学家乔纳森·巴尔科姆有关愉悦的见解。参见 Jonathan Balcombe, *Pleasurable Kingdom: Animals and the Nature of Feeling Good* (New York: Macmillan, 2006), 9, 11。

8. 第170页　《达尔文的教堂》一书。参见 D. S. Wilson, *Darwin's Cathedral: Evolution, Religion, and the Nature of Society*

(Chicago: University of Chicago Press, 2002), 212。

9. 第172页　布罗斯南和德瓦尔提到的"雌性比雄性更加注重物质交换和服务的价值",以及此后的引用。参见Sarah F. Brosnan and Frans B. de Waal, "Monkeys Reject Unequal Pay," *Nature* 425 (2003): 297—299。

10. 第173页　德瓦尔在《天性善良》中提到的话。参见F. B. M. de Waal, *Good Natured* (Cambridge, MA: Harvard University Press, 1996), 159。

11. 第173页　德瓦尔在2005年《科学美国人》上的文章。参见Frans B. M. de Waal, "How Animals Do Business," *Scientific American* 292 (2005): 73—79。

12. 第173页　德瓦尔清楚地意识到这些有关猴子的观察结果意味着什么。参见F. B. M. de Waal, *Good Natured* (Cambridge, MA: Harvard University Press), 161。

13. 第177页　米切尔关于"自利的社会"的一段话。参见Lawrence E. Mitchell, *Stacked Deck: A Story of Selfishness in America* (Philadelphia: Temple University Press, 1998), 205。

14. 第178页　"我们可以先从转变思考这些问题的方式开始……"参见Mitchell, *Stacked Deck: A Story of Selfishness in America* (Philadelphia: Temple University Press, 1998), 210。

15. 第178页　罗伯特·所罗门在《对正义的热情》中所写的话。参见Robert C. Solomon, *A Passion for Justice* (Lanham, MD:

Rowman & Littlefield, 1995), 102。

16. 第179页　保罗·夏皮罗的文章。参见 Paul Shapiro, "Moral Agency in Other Animals," *Theoretical Medicine* 27 (2006): 357—373.

17. 第179页　德瓦尔说:"要拥有道德……"参见 Frans de Waal, *Believer interview*, September 2007: http://www.believermag.com/issues/200709/?read=interview_dewaal。

18. 第181页　著名神经科学家安东尼奥·达马西奥的观点。参见 A. Damasio, *Looking for Spinoza: Joy, Sorrow, and the Feeling Brain* (New York: Harcourt, 2003), 103。

第六章

对人类道德的演化感兴趣的读者,我们向你推荐以下文献: Robert Axelrod's *The Complexity of Cooperation, Moral Sentiments and Material Interests*, edited by Herbert Gintis and his colleagues; *Foundations of Human Sociality*, edited by Joseph Henrich; Robert Hinde's *Why Good Is Good*; Eibl-Eibesfelt's *Human Ethology*; Richard Alexander's *The Biology of Moral Systems*; Elliott Sober and David Sloan Wilson's *Unto Others*; Lee Alan Dugatkin's *The Altruism Equation*; Richard Wright's *The Moral Animal*; Frans de Waal's *Our Inner Ape*; Marc Hauser's *Moral Minds*; Michael Shermer's *The Science of Good and Evil*; Phillip Clayton and Jeffrey Schloss's *Evolution and Ethics*；此外，一个更加哲学的视角，可参见 Frederick Nietzsche's *A Genealogy of Morals* 和 Shaun Nichol's *Sentimental Rules*。

1. 第185页 孔兹总结道："这种合作行为可能在群居栖息的蝙蝠中很常见。"参见 *New Scientist*, June 16, 1994: http://www.newscientist.com/article/mg14219302.900-science-bat-mothersshare-the-birth-experience-.html.

2. 第189页 "规范性的自我约束能力……"参见 C. Korsgaard, in *Primates and Philosophers*, by F. B. M. de Waal (Princeton: Princeton University Press, 2006), 116。

3. 第190页 迪肯关于"符号指称"的观点。参见 T. W. Deacon, *The Symbolic Species: The Co-Evolution of Language and Brain* (New York: W. W. Norton & Company), 322。

4. 第194页 著名生物学家爱德华·O. 威尔逊曾声称。参见 E. O. Wilson, *Sociobiology: The New Synthesis* (Cambridge, MA: Belknap, 1975), 562。

5. 第196页 保罗·夏皮罗正确地指出。参见 Paul Shapiro, "Moral Agency in Other Animals," *Theoretical Medicine* 27 (2006): 357—373。

6. 第198页 达尔文所写的《人类的由来及性选择》。参见 Darwin, *The Descent of Man and Selection in Relation to Sex*, 127。

7. 第198页 "有一条路是应该遵循的……"参见 Darwin,

The Descent of Man and Selection in Relation to Sex, 123。

8. 第199页　他说:"道德判断……"参见 R. Hinde, *Why Good Is Good*, 53。

9. 第199页　正如博姆所说:"成员必须联合起来……"参见 C. H. Boehm, "Conscience Origins, Sanctioning Selection, and the Evolution of Altruism in Homo sapiens" (submitted manuscript, personal communication)。

参考文献

这份参考文献包含了正文中提到的文献,也将我们认为与野兽正义的讨论有关的资料纳入其中。

Adolphs, Ralph. 1999. Social cognition and the human brain. *Trends in Cognitive Sciences* 3: 469–79.

Alexander, Richard D. 1987. *The Biology of Moral Systems*. New York: Aldine de Gruyter.

Allen, C. 2001. Cognitive relatives and moral relations. *In Great Apes and Humans at an Ethical Frontier*, ed. Beck, B. B., T. S. Stoinski, M. Hutchins, T. S. Maple, B. Norton, A. Rowan, B. F. Stevens, and A. Arluke. Washington, D.C.: Smithsonian Institution Press.

Allen, C., and M. Bekoff. 1997. *Species of Mind*. Cambridge, MA: MIT Press.

———. 2005. Animal play and the evolution of morality: An ethological approach. *Topoi* 24: 125–35.

Appiah, K. A. 2008. *Experiments in Ethics*. Cambridge, MA: Harvard University Press.

Aureli, F., ed.. 2000. *Natural Conflict Resolution*. Berkeley: University of California Press.

Axelrod, Robert. 2006. *The Evolution of Cooperation*. Rev. ed. New York: Perseus Books Group.

Axelrod, Robert, and William Hamilton. 1981. The evolution of cooperation. *Science* 211: 1390–96.

Balcombe, Jonathan. 2006. *Pleasurable Kingdom: Animals and the Nature of Feeling Good*. New York: Macmillan.

Balcombe, Jonathan P., Neal D. Barnard, and Chad Sandusky. 2004. Laboratory routines cause animal stress. *Contemporary Topics*, American Association for Laboratory Science 43: 42–51.

Baldwin, Ann and Marc Bekoff. 2007. Too stressed to work. *New Scientist*, June 2: 24.

Barrett, L., S. P. Henzi, T. Weingrill, J. E. Lycett, and R. A. Hill. 1999. Market forces predict grooming reciprocity in female baboons. *Proceedings of the Royal Society of London* 266: 665–70.

Bates, L. A., and R. W. Byrne. 2007. Creative or created: Using anecdotes to investigate animal cognition. *Methods* 42: 12–21. http://www.standrews.ac.uk/~www_sp/people/personal/rwb/publications/2007%20Bates%20Byrne%20Methods.pdf.

Bateson, Patrick. 2000. The biological evolution of cooperation and trust. In *Trust: Making and Breaking Cooperative Relations*, ed. Diego Gambetta, 14–30. Oxford: Department of Sociology, University of Oxford. http://www.sociology.ox.ac.uk/ papers/bateson14–30.pdf.

Batson, C. Daniel. 1991. *The Altruism Question: Toward a Social-Psychological Answer*. Hillsdale, NJ: Lawrence Erlbaum Associates.

Bearzi, M., and C. B. Stanford. 2008. *Beautiful Minds: The Parallel Lives of Great Apes and Dolphins*. Cambridge, MA: Harvard University Press.

Bekoff, M. 1996. Cognitive ethology, vigilance, information gathering, and representation: Who might know what and why? *Behavioural*

Processes 35: 225–37.

———. 2005. Vigilance, flock size, and flock geometry: Information gathering by Western Evening Grosbeaks (Aves, fringillidae), *Ethology* 99: 150–61.

———. 2007. *The Emotional Lives of Animals.* Novato, CA: New World Library.

Bekoff, M., C. Allen, and G. M. Burghardt, eds. 2002. *The Cognitive Animal: Empirical and Theoretical Perspectives on Animal Cognition.* Cambridge, MA: MIT Press.

Bekoff, M., and John A. Byers, eds. 1998. *Animal Play: Evolutionary, Comparative, and Ecological Perspectives.* Cambridge: Cambridge University Press.

Bekoff, M., and M. C. Wells. 1986. Social behavior and ecology of coyotes. *Advances in the Study of Behavior* 16: 251–338.

Blum, Deborah. 2004. *Love at Goon Park: Harry Harlow and the Science of Affection.* Cambridge, MA: Perseus Publishing.

Boehm, Christopher. 1999. *Hierarchy in the Forest: The Evolution of Egalitarian Behavior.* Cambridge, MA: Harvard University Press.

———. Conscience origins, sanctioning selection, and the evolution of altruism in *Homo sapiens* (submitted manuscript, personal communication).

Borba, M. 2001. *Building Moral Intelligence: The Seven Essential Virtues That Teach Kids to Do the Right Thing.* San Francisco: Jossey-Bass.

Bradshaw, G., A. N. Schore, J. L. Brown, J. H. Poole, and C. Moss. 2005. Elephant breakdown. *Nature* 433: 807.

Bradshaw, G. A., and A. N. Schore. 2007. How elephants are opening doors: Developmental neuroethology, attachment, and social context. *Ethology* 133: 426–36.

Brosnan, S. F. 2006. Nonhuman species' reactions to inequity and their implications for fairness. *Social Justice Research* 19: 153–85.

Brosnan, S. F., and F. B. M. de Waal. 2002. A proximate perspective on reciprocal altruism. *Human Nature* 13:129–52.

Brosnan, S. F., and Frans B. de Waal. 2003. Monkeys reject unequal pay. *Nature* 425: 297–99.

Brosnan, S. F., H. Schiff, and F. B. de Waal. 2004. Tolerance for inequity may increase with social closeness in chimpanzees. *Proceedings of the Royal Society B*. 1560: 253–58.

Bshary, R., and A. S. Grutter. 2006. Image scoring and cooperation in a cleaner fish mutualism. *Nature* 441: 975–78.

Bshary, R., A. Hohner, K. Ait-el-Djoudi, and H. Fricke. 2006. Interspecific communicative and coordinated hunting between groupers and giant Moray eels in the Red Sea. *PLoS Biology* 4 (12): e431.

Burgdorf, J., and J. Panksepp. 2001. Tickling induces reward in adolescent rats. *Physiology and Behavior* 72(1–2): 167–73.

Burghardt, G. M. 2005. *The Genesis of Animal Play: Testing the Limits*. Cambridge, MA: MIT Press.

Byrne, R. W. 1994. The evolution of intelligence. In *Behaviour and Evolution*, ed. P. J. B. Slater and T. R. Halliday, 223–65. Cambridge: Cambridge University Press.

Byrne, R. W., and N. Corp. 2004. Neocortex size predicts deception rate in primates. *Proceedings of the Royal Society B* 271:1693–99.

Byrne, R. W., and A. Whiten, eds. 1988. *Machiavellian Intelligence: Social Expertise and the Evolution of Intellect in Monkeys, Apes, and Humans*. Oxford: Clarendon Press.

Cheney, D. L., and R. M. Seyfarth. 1990. *How Monkeys See the World*. Chicago: University of Chicago Press.

———. 2007. *Baboon Metaphysics: The Evolution of a Social Mind*.

Chicago: University of Chicago Press.

Church, R. 1959. Emotional reactions of rats to the pain of others. *Journal of Comparative and Physiological Psychology* 52: 132–34.

Clayton, P. and J. Schloss, eds. 2004. *Evolution and Ethics: Human Morality in Biological and Religious Perspective*. Grand Rapids: William B. Eerdmans.

Clutton-Brock, T. H., and Paul H. Harvey. 1980. Primates, brains, and ecology. *Journal of the Zoological Society of London* 190: 309–23.

Clutton-Brock, T. H., and G. A. Parker. 1995. Punishment in animal societies. *Nature* 373: 209–16.

Coetzee, J. M. 1999. *The Lives of Animals*. Princeton: Princeton University Press.

Cools, A., A. van Hout, and M. Nelissen. 2008. Canine reconciliation and third-partyinitiated postconflict affiliation: Do peacemaking social mechanisms in dogs rival those of higher primates? *Ethology* 114: 53–62.

Costa, J. T. 2006. *The Other Insect Societies*. Cambridge, MA: Belknap.

Creager, A. N. H., and W. Chester Jordan, eds. 2002. *The Animal/Human Boundary: Historical Perspectives*. Rochester: University of Rochester Press.

Damasio, A. 1994 . *Descartes' Error: Emotion, Reason, and the Human Brain*. New York: Penguin.

———. 1999. *The Feeling of What Happens: Body and Emotion in the Making of Consciousness*. New York: Harcourt Brace.

———. 2003. *Looking for Spinoza: Joy, Sorrow, and the Feeling Brain*. New York: Harcourt.

Datson, L., and G. Mitman. 2005. *Thinking with Animals: New Perspectives on Anthropomorphism*. New York: Columbia University Press.

Davidson, R. J., K. R. Scherer, and H. Hill Goldsmith, eds. 2003. *Handbook of Affective Sciences.* New York: Oxford University Press.

Dawkins, R. 1976. *The Selfish Gene.* New York: Oxford University Press.

Deacon, T. W. 1997. *The Symbolic Species: The Co-Evolution of Language and Brain.* New York: W. W. Norton & Company.

Decety, J., P. Jackson, J. Sommerville, T. Chaminade, and A. Meltzoff, 2004. The neural bases of cooperation and competition: an fMRI investigation. *Neuroimage* 23: 744–51.

Decety, J., and P. L. Jackson. 2004. The functional architecture of human empathy. *Behavioral and Cognitive Neuroscience Reviews* 3: 71–100.

Decety, J. P., and Philip Jackson. 2006. A social-neuroscience perspective on empathy. *Current Directions in Psychological Science* 15: 54–58.

de Quervain, D., U. Fischbacher, V. Treyer, M. Schellhammer, U. Schnyder, A. Buck, and E. Fehr. 2004. The neural basis of altruistic punishment. *Science* 305: 1254–58.

de Vignemont, F., and T. Singer. 2006. The empathic brain: How, when and why? *Trends in Cognitive Sciences* 10: 435–41.

de Waal, F. B. M. 1982. *Chimpanzee Politics: Power and Sex among Apes.* Baltimore: Johns Hopkins University Press.

———. 1996. *Good Natured: The Origins of Right and Wrong in Humans and Other Animals.* Cambridge, MA: Harvard University Press.

———. 2001. Do humans alone "feel your pain"? *The Chronicle of Higher Education*, October 26.

———. 2005a. *Our Inner Ape: A Leading Primatologist Explains Why We Are Who We Are.* New York: Riverhead.

———. 2005b. How Animals Do Business. *Scientific American* 292

(4): 73-79.

———. 2006. *Primates and Philosophers*. Princeton: Princeton University Press.

de Waal, F. B. M., and J. J. Pokorny. 2005. Primate conflict resolution and its relation to human forgiveness. In *Handbook of Forgiveness*, ed. E. L. Worthington, Jr., 17-32. New York: Brunner-Routledge.

de Waal, F. B. M., and P. L. Tyack, eds. 2003. *Animal Social Complexity: Intelligence, Culture, and Individualized Societies*. Cambridge, MA: Harvard University Press.

Doris, J. M., and S. P. Stich. 2005. As a matter of fact: Empirical perspectives on ethics. In *The Oxford Handbook of Contemporary Analytic Philosophy*, ed. F. Jackson and M. Smith, 114-52. New York: Oxford University Press. http://www.rci.rutgers.edu/ ~stich/Publications/Papers/05-Jackson-Chap-05.pdf.

Douglas - Hamilton, I., S. Bhalla, G. Wittemyer, and F. Vollrath. 2006. Behavioural reactions of elephants towards a dying and deceased matriarch. *Applied Animal Behaviour Science* 100: 87-102.

Drea, C. M., and L. G. Frank. 2003. The social complexity of spotted hyenas. In *Animal Social Complexity*, ed. F. B. M. de Waal and P. L. Tyack, 121-48. Cambridge, MA: Harvard University Press.

Dudzinski, Kathleen and Toni Frohoff. 2008. *Dolphin Mysteries: Unlocking the Secrets of Communication*. New Haven, CT: Yale University Press.

Dugatkin, L. A. 1999. *Cheating Monkeys and Citizen Bees: The Nature of Cooperation in Animals and Humans*. New York: The Free Press.

———. 2006a. Trust in fish. *Nature* 441: 937-38.

———. 2006b. *The Altruism Equation: Seven Scientists Search for the Origins of Goodness*. Princeton: Princeton University Press.

Dugatkin, L. A., and M. S. Alfieri. 2002. A cognitive approach to the study of animal cooperation. In *The Cognitive Animal*, ed. M. Bekoff, C. Allen, and G. M. Burghardt, 413–19. Cambridge, MA: MIT Press.

Dugatkin, L. A., and M. Bekoff. 2003. Play and the evolution of fairness: A game theory model. *Behavioural Processes* 60: 209–14.

Dunbar, R. 1998. *Grooming, Gossip, and the Evolution of Language.* Cambridge, MA: Harvard University Press.

Ehrlich, P. 2002. *Human Natures: Genes, Cultures, and the Human Prospect.* New York: Penguin.

Eisenberg, N. 1986. *Altruistic emotion, cognition, and behavior.* Hillsdale, NJ: Lawrence Erlbaum.

Emery, N., and N. S. Clayton. 2004. The mentality of crows: Convergent evolution of intelligence in corvids and apes. *Science* 306: 1903–7.

Evans, E. P. 1906. *The Criminal Prosecution and Capital Punishment of Animals.* New York: E. P. Dutton.

Fagen, R. M. 1981. *Animal Play Behavior.* New York: Oxford University Press.

Fehr, E., and A. Damasio. 2005. On brain trust. *Nature* 435: 571–72.

Fehr, E., and S. G. chter. 2000. Fairness and retaliation: The economics of reciprocity. *Journal of Economic Perspectives* 14:159–81.

Fiske, A. P. 1992. The four elementary forms of sociality: Framework for a unified theory of social relations. *Psychological Review* 99: 689–723.

Flack, J. C., and F. B. M. de Waal. 2000. "Any animal whatever": Darwinian building blocks of morality in monkeys and apes. *Journal of Consciousness Studies* 7: 1–29.

Fox, M. W. 1969. A comparative study of the development of facial expressions in canids: Wolf, coyote and foxes. *Behaviour* 36: 49–73.

Frank, S. A. 1998. *Foundations of Social Evolution.* Princeton:

Princeton University Press.

Fraser, O. N., D. Stahl, and F. Aureli. 2008. Stress reduction through consolation in chimpanzees. *Proceedings of the National Academic of Sciences* 105: 8557–62.

Gardner, A., and S. A. West. 2004. Spite among siblings. *Science* 305: 1413–14.

Gardner, H. 1996. *Multiple Intelligences*. Cambridge, MA: Perseus.

Gazzaniga, M. 1992. *Nature's Mind: The Biological Roots of Thinking, Emotions, Sexuality, Language, and Intelligence*. New York: Penguin.

―――. 2005. *The Ethical Brain*. New York: Dana Press.

Gellene, D. 2007. Fairness is only human, scientists find. *Los Angeles Times*, October 5.

Gervais, Matthew, and David Sloan Wilson. 2005. The evolution and functions of laughter and humor: A synthetic approach. *Quarterly Review of Biology* 80: 395–430.

Ghiselin, M. T. 1997. *Metaphysics and the Origin of Species*. Albany: SUNY Press.

Gibbs, J. C. 2003. *Moral Development and Reality: Beyond the Theories of Kohlberg and Hoffman*. Thousand Oaks, CA: Sage Publications.

Gintis, H., S. Bowles, R. Boyd, and E. Fehr. 2005. *Moral Sentiments and Material Interests: The Foundations of Cooperation in Economic Life*. Cambridge, MA: MIT Press.

Goleman, D. 1995. *Emotional Intelligence*. New York: Bantam Books.

―――. 2006. *Social Intelligence: The New Science of Human Relationships*. New York: Bantam Books.

Goodall, J. 1986. *The Chimpanzees of Gombe: Patterns of Behavior*. Cambridge, MA: Harvard University Press.

Gray, H. M., K. Gray, and D. M. Wegner. 2007. Dimensions of mind perception. *Science* 315: 619.

Greene, J., and J. Haidt. 2002. How (and where) does moral judgment work? *Trends in Cognitive Sciences* 6: 517–23.

Griffin. D. R. 1976/1981. *The Question of Animal Awareness: Evolutionary Continuity of Mental Experience.* New York: Rockefeller University Press.

———. 1992. *Animal Minds.* Chicago: University of Chicago Press.

Haidt, J. 2007. The new synthesis in moral psychology. *Science* 316: 998–1002.

Hamilton, W. D. 1964. The genetical evolution of social behaviour I and II. *Journal of Theoretical Biology* 7: 1–16 and 7: 17–52.

Hammerstein, P., ed. 2003. *Genetic and Cultural Evolution of Cooperation.* Cambridge, MA: MIT Press.

Hansson, M. G. 2008. *The Private Sphere: An Emotional Territory and Its Agent.* New York: Springer.

Harcourt, A. H., and Frans B. M. de Waal, eds. 1992. *Coalitions and Alliances in Humans and other Animals.* Oxford: Oxford University Press.

Hare, B., M. Brown, C. Williamson, and M. Tomasello. 2002. The domestication of social cognition in dogs. *Science* 298: 1634–36.

Harlow, H. F. 1958. The nature of love. *American Psychologist* 13: 673–85.

Hart, B. L., and L. A. Hart. 1992. Reciprocal allogrooming in impala, *Aepyceros melampus.* Animal Behaviour 44: 1073–83.

Hatfield, E., J. T. Cacioppo, and R. L. Rapson. 1994. *Emotional Contagion.* Cambridge: Cambridge University Press.

Hauser, M. D. 2000. *Wild Minds.* New York: Henry Holt and Company.

———. 2006. *Moral Minds: How Nature Designed Our Universal*

Sense of Right and Wrong. New York: Harper Collins.

Heinrich, B. 1999. *Mind of the Raven: Investigations and Adventures with Wolf-Birds*. New York: Cliff Street Books.

Heinsohn, R., and C. Packer. 1995. Complex cooperative strategies in groupterritorial African lions. *Science* 269:1260-62.

Henrich, J., R. Boyd, S. Bowles, C. Camerer, E. Fehr, and H. Gintis. 2004. *Foundations of Human Sociality: Economic Experiments and Ethnographic Evidence from Fifteen Small-Scale Societies*. New York: Oxford.

Henzi, S. P., and L. Barret. 2002. Infants as a commodity in a baboon market. *Animal Behaviour* 63: 915-21.

Hinde, R. A. 1974. *Biological Bases of Human Social Behavior*. New York: McGraw-Hill.

——. 1987. *Individuals, Relationships, and Culture: Links between Biology and the Social Sciences*. Cambridge: Cambridge University Press.

——. 2002. *Why Good Is Good: The Sources of Morality*. New York: Routledge.

Hof, P., and E. van der Gucht. 2006. Whales boast the brain cells that 'make us human.' *New Scientist*, November 27. http://www.newscientist.com/channel/life/ dn10661-whales-boast-the-brain-cells-that-make-us-human.html.

Hoffman, Martin. 2000. *Empathy and Moral Development: Implications for Caring and Justice*. Cambridge, MA: Harvard University Press.

Holekamp, K. E. 2006. Questioning the social intelligence hypothesis. *Trends in Cognitive Science* 11: 65-69.

Hornaday, W. T. 1922. *The Minds and Manners of Wild Animals*. New York: Charles Scribner's Sons.

Horowitz, A. C. 2002. The behaviors of theories of mind, and a case study of dogs at play. Ph.D. diss., University of California, San Diego.

Horowitz, A. C., and M. Bekoff. 2007. Naturalizing anthropomorphism: Behavioral prompts to our humanizing of animals. *Anthrozoös* 20: 23–36.

Hull, R. B. 2006. *Infinite Nature*. Chicago: University of Chicago Press.

Humphrey, N. 1988. The social function of intellect. In Byrne and Whiten 1988, 13–26.

———. 1997. Varieties of altruism and the common ground between them. *Social Research* 64: 199–209.

———. 2003. *The Inner Eye: Social Intelligence in Evolution*. New York: Oxford University Press.

Iwaniuk, A., S. M. Pellis, and J. E. Nelson. 2001. Do big-brained animals play more? Comparative analyses of play and relative brain size in mammals. *Journal of Comparative Psychology* 115: 29–41.

Jablonka, E., and M. J. Lamb. 2005. *Evolution in Four Dimensions: Genetic, Epigenetic, Behavioral, and Symbolic Variation in the History of Life*. Cambridge, MA: Bradford Books.

Jensen, K., J. Call, and M. Tomasello. 2007a. Chimpanzees are rational maximizers in an ultimatum game. *Science* 318:107–9.

———. 2007b. Chimpanzees are vengeful but not spiteful. *Proceedings of the National Academy of Sciences* 104: 13046–51.

Johnson, D., P. Stopka, and D. McDonald. 1999. Ideal flea constraints on group living: Unwanted public goods and the emergence of cooperation. *Behavioral Ecology* 15: 181–86.

Jolly, A. 1966. Lemur social behavior and primate intelligence. *Science* 153: 501–6.

Joyce, R. 2006. *The Evolution of Morality*. Cambridge, MA: MIT Press.

Kagan, J. 1998. *Three Seductive Ideas*. Cambridge, MA: Harvard

University Press.

Kagan, J., and S. Lamb. 1987. *The Emergence of Morality in Young Children.* Chicago: University of Chicago Press.

Katz, L. D., ed. 2000. *Evolutionary Origins of Morality: Cross Disciplinary Perspectives.* Bowling Green, OH: Imprint Academics.

Kelly, D., S. Stich, K. J. Haley, S. J. Eng, and D. M. T. Fessler. 2007. Harm, affect, and the moral/conventional distinction. *Mind and Language* 22: 117–31.

Kitchen, Dawn M., and Craig Packer. 1999. Complexity in vertebrate societies. In *Levels of Selection in Evolution*, ed. L. Keller, 176–96. Princeton: Princeton University Press.

Koenigs, M., L. Young, R. Adolphs, D. Tranel, F. Cushman, M. Hauser, and A. Damasio. 2007. Damage to the prefrontal cortex increases utilitarian moral judgments. *Nature* 446: 908–11.

Kosfeld, M., M. Heinrichs, P. J. Zak, U. Fischbacher, and E. Fehr. 2005. Oxytocin increases trust in humans. *Nature* 435: 673–76.

Kropotkin, P. 1902/2006. *Mutual Aid: A Factor of Evolution.* Repr. BiblioBazaar.

Kunz, T. H., A. L. Allgaier, J. Seyjagat, and R. Caliguiri. 1994. Allomaternal care: Helper-assisted birth in the Rodrigues fruit bat, *Pteropus rodricensis* (Chiroptera: Pteropodidae). *Journal of Zoology* 232: 691–700.

Langford, D. J., S. E. Crager, Z. Shehzad, S. B. Smith, S. G. Sotocinal, J. S. Levenstadt, M. L. Chanda, D. J. Levitin, and J. S. Mogil. 2006. Social modulation of pain as evidence for empathy in mice. *Science* 312: 1967–70.

Lewis, K. P. 2000. A comparative study of primate play behaviour: Implications for the study of cognition. *Folia Primatologica* 71: 417–21.

Lewis, M., and J. M. Haviland-Jones. 2000. *Handbook of Emotions.* 2nd ed. New York: The Guilford Press.

Lewis, R. 2002. Beyond dominance: The importance of leverage. *Quarterly Review of Biology* 77: 149–64.

Leyhausen, P. 1978. *Cat Behavior*. New York: Garland.

Libet, B. 2004. *Mind Time: The Temporal Factor in Consciousness*. Cambridge, MA: Harvard University Press.

Lyons, D. E., L. R. Santos, and F. C. Keil. 2006. Reflections of other minds: How primate social cognition can inform the function of mirror neurons. *Current Opinion in Neurobiology* 16: 230–34.

MacIntyre, A. 1999. *Dependent Rational Animals: Why Human Beings Need the Virtues*. Chicago: Open Court.

MacLean, P. 2003. *The Triune Brain in Evolution: Role in Paleocerebral Functions*. New York: Springer.

Manger, P. 2006. An examination of cetacean brain structure with a novel hypothesis correlating thermogenesis to the evolution of a big brain. *Biological Reviews* 81: 292–338.

Marino, L., R. C. Conner, R. E. Fordyce, L. M. Herman, P. R. Hof, L. Lefebvre, D. Lusseau et al. 2007. Cetaceans have complex brains for complex cognition. *PLoS Biology* 5 (5). http://biology.plosjournals.org/perlserv/?request=getdocument& doi=10.1371/journal.pbio.0050139&ct=1.

Markowitz, H. 1982. *Behavioral enrichment in the Zoo*. New York: Van Reinhold Company.

McComb, K., C. Moss, S. M. Durant, L. Baker, and S. Sayialel. 2001. Matriarchs as repositories of social knowledge in African elephants. *Science* 292: 417–19.

McCullough, M. E. 2008. B*eyond Revenge: The Evolution of the Forgiveness Instinct*. San Francisco: Jossey-Bass.

Mech, L. D. 1970. *The Wolf*. New York: Doubleday.

Mehdiabadi, N. J., C. N. Jack, T. T. Farnham, T. G. Platt, S. E. Kalla, G. Shaulsky, D. C. Queller, J. E. Strassmann. 2006. Kin preference in a social microbe. *Nature* 442:881−82.

Melis, A., B. Hare, and M. Tomasella. 2006. Chimpanzees recruit the best collaborators. *Science* 311: 1297−1300.

Mitchell, L. E. 1998. *Stacked Deck: A Story of Selfishness in America.* Philadelphia: Temple University Press.

Mitchell, R. W., and N. S. Thompson, eds. 1986. *Deception: Perspectives on Human and Nonhuman Deceit.* Albany: SUNY Press.

Moll, J., R. de Oliveira-Souza, and R. Zahn. 2008. The moral basis of moral cognition: Sentiments, concepts, and values. *Annals of the New York Academy of Sciences* 1124: 161−80.

Moll, J., R. Zahn, R. de Oliveira-Souza, F. Krueger, and J. Grafman. 2005. The neural basis of human moral cognition. *Nature Reviews: Neuroscience* 6: 799−809.

Moll, J., F. Kreuger, R. Zahh, M. Pardini, R. de Oliveira-Souza, and J. Grafman, 2006. Human frontal-mesolimbic networks guide decisions about charitable donation. *Proceedings of the National Academy of Sciences* 103: 15623−28.

Nichols, S. 2004. *Sentimental Rules: On the Natural Foundations of Moral Judgments.* New York: Oxford University Press.

Niteki, M. H., ed. 1990. *Evolutionary Innovations.* Chicago: University of Chicago Press.

Nowak, M. A. 2006. Five rules for the evolution of cooperation. *Science* 314: 1560−63.

Nowak, M. A., and K. Sigmund. 2005. Evolution of indirect reciprocity. *Nature* 437: 1291−98.

Nussbaum, M. 2001. *Upheavals of Thought: The Intelligence of Emotions.* Cambridge: Cambridge University Press.

Packer, C. 1977. Reciprocal altruism in *Papio anubis. Nature* 265:

441-43.

Panksepp, J. 1998. *Affective Neuroscience: The Foundations of Human and Animal Emotions*. New York: Oxford University Press.

———. 2003. "Laughing" rats and the evolutionary antecedents of human joy? *Physiology and Behavior* 79: 533-47.

———. 2005. Beyond a joke: From animal laugher to human joy. *Science* 308: 62-63.

Parr, L. A., B. M. Waller, and J. Fugate. 2005. Emotional communication in primates: Implications for neurobiology. *Current Opinion in Neurobiology* 15: 1-5.

Pellis, S. 2002. Keeping in touch: Play fighting and social knowledge. In *The Cognitive Animal*, ed. M. Bekoff., C. Allen, and G. M. Burghardt, 421-27. Cambridge, MA: MIT Press.

Pfaff, D. 2007. *The Neuroscience of Fair Play: Why We (Usually) Follow the Golden Rule*. New York: Dana Press.

Poole, J. 1996. *Coming of Age with Elephants: A Memoir*. New York: Hyperion.

———. 1998. An exploration of a commonality between ourselves and elephants. *Etica & Animali* 9 (98): 85-110.

Porter, R. H., M. Wyrick, and J. Pankey. 1978. Sibling recognition in spiny mice. *Behavioral Ecology and Sociobiology* 3: 61-68.

Post, S. G., L. G. Underwood, J. Schloss, and W. G. Hurlbut, eds. 2002. *Altruism and Altruistic Love: Science, Philosophy, and Religion in Dialogue*. New York: Oxford University Press.

Preston, S. D., and F. B. M. de Waal. 2002a. The communication of emotions and the possibility of empathy in animals. In *Altruism and Altruistic Love: Science, Philosophy, and Religion in Dialogue*, ed. Stephen Post et al. New York: Oxford University Press.

———. 2002b. Empathy: Its ultimate and proximate bases. *Behav-

ioral and Brain Sciences 25: 1-72.

Raby, C. R., D. M. Alexis, A. Dickinson, and N. S. Clayton. 2007. Planning for the future by western scrub-jays. *Nature* 445: 919-21.

Range, F., L. Horn, Z. Viranyi, and L. Huber. 2008. The absence of reward induces inequity aversion in dogs. *Proceedings of the National Academy of Sciences.* http://www.pnas.org/cgi/doi/10.1073/pnas.0810957105.

Reader, S. M., and K. N. Laland. 2002. Social intelligence, innovation, and enhanced brain size in primates. *Processing of the National Academy of Science* 99: 4436-41.

Rice, George E., and Priscilla Gainer. 1962. "Altruism" in the albino rat. *Journal of Comparative and Physiological Psychology* 55: 123-25.

Rilling, J. K., D. Gutman, T. Zeh, G. Pagnoni, G. Berns, and C. Kilts. 2002. A neural basis for social cooperation. *Neuron* 25: 395-405.

Rizzolatti, G., and L. Craighero. 2004. The mirror-neuron system. *Annual Review of Neuroscience* 27: 169-92.

Ross, Marina D., Susanne Menzler, and Elke Zimmermann. 2008. Rapid facial mimicry in orangutan play. *Biology Letters* 4: 27-30. http://journals.royalsociety .org/content/?k=davila+ross.

Roth, G., and U. Dicke. 2005. Evolution of the brain and intelligence. *Trends in Cognitive Science* 9: 250-57.

Rottschaefer, W. A. 1998. *The Biology and Psychology of Moral Agency.* Cambridge: Cambridge University Press.

Rutte, C., and M. Taborsky. 2007. Generalized reciprocity in rats. *PLoS Biology* 5 (7): e196.

Sanfey, A. G., J. Rilling, J. Aronson, L. Nystrom, and J. Cohen. 2003. The neural basis of economic decision-making in the ultimatum game. *Science* 300: 1955-58.

Sapolsky, R. 2004. *Why Zebras Don't Get Ulcers.* 3rd ed. New York:

Holt Paperback.

Sapolsky, R. M. 2002. *A Primate's Memoir*. New York: Touchstone Books.

Schaller, G. B., and G. R. Lowther. 1969. The relevance of carnivore behavior to the study of early hominids. *Southwestern Journal of Anthropology* 25: 307–41.

Schuster, R. 2002. Cooperative coordination as a social behavior: Experiments with an animal model. *Human Nature* 13: 47–83.

Seed, A., N. Clayton, and N. Emery. 2008. Cooperative problem solving in rooks (*Corvus frugilegus*). *Proceedings of the Royal Society B*, DOI: 10.1098/rspb.2008.0111.

Serpell, J. 1996. *In the Company of Animals: A Study of Human-Animal Relationships*. Cambridge: Cambridge University Press.

Seymour, B., T. Singer, and R. Dolan. 2007. The neurobiology of punishment. *Nature Reviews: Neuroscience* 8: 300–309.

Shapiro, P. 2006. Moral agency in other animals. *Theoretical Medicine* 27: 357–73.

Sherman, P. 1977. Nepotism and the evolution of alarm calls. *Science* 197: 1246–53.

Shermer, M. 2004. *The Science of Good and Evil*. New York: Henry Holt and Company.

Silk, J., S. F. Brosnan, J. Vonk, J. Henrich, D. J. Povinelli, A. S. Richardson, S. P. Lambeth, J. Mascaro, and S. J. Schapiro. 2005. Chimpanzees are indifferent to the welfare of unrelated group members. *Nature* 437: 1357–59.

Silk, J. B., R. M. Seyfarth, and D. L. Cheney. 1999. The structure of social relationships among female savanna baboons in Moremi Reserve, Botswana. *Behaviour* 136: 679–703.

Simmonds, M. P. 2006. Into the brains of whales. *Applied Animal Be-*

haviour Science 100: 103-16.

Singer, T., B. Seymour, J. P. O'Doherty, K. E. Stephen, R. J. Dolan, and C. D. Frith. 2006. Empathic neural responses are modulated by the perceived fairness of others. *Nature* 439: 466-69.

Siviy, S. 1998. Neurobiological substrates of play behavior: Glimpses into the structure and function of mammalian playfulness. In *Animal Play: Evolutionary, Comparative, and Ecological Perspectives*, ed. M. Bekoff and J. A. Byers, 221-42. New York: Cambridge University Press.

Slater, K. Y., C. M. Schaffner, and F. Aureli. 2007. Embraces for infant handling in spider monkeys: Evidence for a biological market? *Animal Behaviour* 74: 455-61.

Smith, John Maynard. 1982. *Evolution and the Theory of Games*. Cambridge: Cambridge University Press.

Sober, E., and D. S. Wilson. 1998. *Unto Others: The Evolution and Psychology of Unselfish Behavior*. Cambridge, MA: Harvard University Press.

Solomon, R. C. 1995. *A Passion for Justice*. Lanham, MD: Rowman & Littlefield.

Sorabji, R. 1993. *Animal Minds and Human Morals: The Origins of the Western Debate*. Ithaca: Cornell University Press.

Spinka, M., R. C. Newberry, and M. Bekoff. 2001. Mammalian play: Training for the unexpected. *Quarterly Review of Biology* 76: 141-68.

Steiner, G. 2005. *Anthropocentrism and Its Discontents: The Moral Status of Animals in the History of Western Philosophy*. Pittsburgh: University of Pittsburgh Press.

Stevens, Jeffrey R., and Marc D. Hauser. 2004. Why be nice? Psychological constraints on the evolution of cooperation. *Trends in Cognitive Sciences* 8: 60-65.

Subiaul, Francys, Jennifer Vonk, Sanae Okamoto-Barth, and Jochem Barth. 2008. Do chimpanzees learn reputation by observation? Evidence from direct and indirect experience with generous and selfish strangers. *Animal Cognition* DOI 10.1007/ s10071=008-0151-6.

Sussman, R. W., P. A. Garber, and J. M. Cheverud. 2005. Importance of cooperation and affiliation in the evolution of primate sociality. *American Journal of Physical Anthropology* 128: 84–97.

Talmi, D., and C. Frith. 2007. Feeling right about doing right. *Nature* 446: 865–66.

Tancredi, L. 2005. *Hardwired Behavior: What Neuroscience Reveals about Morality*. Cambridge: Cambridge University Press.

Taylor, S. 2002. *The Tending Instinct: How Nurturing Is Essential for Who We Are and How We Live*. New York: Henry Holt and Company.

Thayer, B. A. 2004. *Darwin and International Relations: On the Evolutionary Origins of War and Ethnic Conflict*. Lexington: University of Kentucky Press.

Tinbergen, N. 1951/1989. *The Study of Instinct*. New York: Oxford University Press.

———. 1963. On aims and methods of ethology. *Zeitschrift f.r Tierpsychologie* 20: 410–33.

Trivers, R. L. 1971. The evolution of reciprocal altruism. *Quarterly Review of Biology* 46: 35–57.

Turiel, E., M. Killen, and C. Helwig. 1987. Morality: Its structure, functions, and vagaries. In Kagan and Lamb 1987, 155–244. Chicago: University of Chicago Press.

Warneken, F., B. Hare, A. P. Melis, D. Hanus, and M. Tomasello. 2007. Spontaneous altruism by chimpanzees and young children. *PLoS Biology* 5(7): e184.

Watson, D. M., and D. B. Croft. 1996. Age-related differences in playfighting strategies of captive male red-necked wallabies (*Macropus rufogriseus banksianus*). *Ethology* 102: 336–46.

Wechkin, S., J. H. Masserman, and W. Terris, Jr. 1964. Shock to a conspecific as an aversive stimulus. *Psychonomic Science* 1: 17–18.

Wegner, D. M. 2002. *The Illusion of Conscious Will*. Cambridge, MA: MIT Press.

Wemelsfelder, F., and A. B. Lawrence. 2001. Qualitative assessment of animal behaviour as an on-farm welfare-monitoring tool. *Acta Agriculturae Scandinavica* 30: S21–S25.

Wemmer, C., and C. A. Christen, eds. 2008. Elephants and ethics: Toward a morality of coexistence. Baltimore: The Johns Hopkins University Press.

West, Stuart A., Ido Pen, and Ashleigh S. Griffin. 2002. Cooperation and competition between relatives. *Science* 296: 72–75.

White, T. I. 2007. *In Defense of Dolphins: The New Moral Frontier*. Malden, MA: Blackwell Publishing.

Wilkinson, G. 1984. Reciprocal food sharing in vampire bats. *Nature* 308: 181–84.

———. 1987. Reciprocal altruism in bats and other mammals. *Ethology and Sociobiology* 9: 85–100.

Wilkinson, R. 2007. *Unhealthy Societies: The Affliction of Inequality*. Oxford: Taylor & Francis.

Wilson, E. O. 1975. *Sociobiology: The New Synthesis*. Cambridge, MA: Belknap.

———. 1978. *On Human Nature*. Cambridge, MA: Harvard University Press.

Wilson, J. Q. 1993. *The Moral Sense*. New York: The Free Press.

Wilson, T. 2002. *Strangers to Ourselves: Discovering the Adaptive Unconscious*. Cambridge, MA: Belknap/Harvard University Press.

Zahn-Waxler, C., M. Radke-Yarrow, E. Wagner, and M. Chapman. 1992. Development of concern for others. *Developmental Psychology* 28: 126–36.

译 后 记

在很久很久以前,人类就开始研究动物行为。他们学会捕猎飞禽走兽,在岩洞石壁上留下画作。后来,他们驯化了牛、羊、鸡、狗,过上了鸡鸣狗吠的田园生活。再后来,《动物志》《物种起源》《论攻击》《动物的社会行为》《社会生物学》《自私的基因》之类的书籍才慢慢出现。

对动物的好奇,是哲学家和科学家共有的探究兴趣。有些哲学家,出于哲学的考虑关心动物,例如亚里士多德、笛卡儿、休谟、康德等。有些动物学家,常常从动物行为观察走向哲学讨论,他们思考相关的哲学问题,也用哲学的方式进行写作。洛伦茨、廷伯根、道金斯、德瓦尔等人颇具代表性。

我喜欢这类作品。一个情感原因,或许是对自然牧歌的向往;在过度组织的城市网格里,向往常常只能凭想象和阅读来抚慰。另一个是理智原因,从科学哲学的眼光看,如何理解和对待动物,仍然是"科学的世界观念"还未完成的一块拼图。动物有没有情感?动物有没有道德?应该如何对待动物?这些问题似乎都还没有完整答案。

《野兽正义》的主要作者马克·贝科夫是有国际声誉的动物行为学家,他在动物的游戏行为、动物心灵、动物情感、动物认知等研究方面均有重要贡献,他所著的《海豚的微笑》《动物的情感生活》已有中文译本,获得读者欢迎。本书的核心观点是一种道德的物种相对主义,作者的立论依据是动物有丰富的情感,也有合作、共情、利他、互惠等复杂行为。既然这些行为簇构成人类道德的核心,因此,有理由认为,具有这些行为簇的动物也有物种特有的道德行为。我们希望,这种道德的物种相对主义的观点,以及作者所援引的来自动物行为学或认知行为学的经验证据,可以扩大道德哲学家的视野,或者促进更深入的动物行为研究。

上海科技教育出版社的王洋女士促成此书的翻译出版;责编王怡昀女士为译文审校付出辛劳。在翻译过程中,我的朋友罗涵、周从嘉、肖子月多有助力。武汉大学程炼教授审校过部分译稿,就"empathy""species-relative"等关键术语提供建议,纠正了几处错误;更让我感动的是,他还克服多重困难,欣然为译本作序。谨此致谢!

最后,感谢我的父母,他们慈善仁厚,常常教我要善待他人、善待动物。

刘小涛
2022年1月1日　上海嘉定

图书在版编目(CIP)数据

野兽正义:动物的道德生活/(美)马克·贝科夫,(美)杰茜卡·皮尔斯著;刘小涛译. —上海:上海科技教育出版社,2022.8
书名原文：Wild Justice: The Moral Lives of Animals
ISBN 978-7-5428-7429-0

Ⅰ.①野… Ⅱ.①马…②杰…③刘… Ⅲ.①动物行为—道德行为—研究 Ⅳ.①B843.2

中国版本图书馆CIP数据核字(2022)第049131号

责任编辑　王怡昀
装帧设计　杨　静

YESHOU ZHENGYI
野兽正义：动物的道德生活

马克·贝科夫　杰茜卡·皮尔斯　著
刘小涛　译

出版发行	上海科技教育出版社有限公司 (上海市闵行区号景路159弄A座8楼　邮政编码201101）
网　　址	www.sste.com　www.ewen.co
经　　销	各地新华书店
印　　刷	上海商务联西印刷有限公司
开　　本	890×1240　1/32
印　　张	8.75
版　　次	2022年8月第1版
印　　次	2022年8月第1次印刷
书　　号	ISBN 978-7-5428-7429-0/N·1154
图　　字	09-2021-0384号
定　　价	58.00元

Wild Justice:
The Moral Lives of Animals
By
Marc Bekoff and Jessica Pierce
Copyright © 2009 by The University of Chicago.
Simplified Chinese translation copyright © 2022
By Shanghai Scientific & Technological Education Publishing House Co.,Ltd.
Licensed by The University of Chicago Press, Chicago, Illinois, U.S.A.
All rights reserved.